Callwey

Der Profi-Heimwerker

# Dachausbau

Alles über Kosten, Eigenleistung, ökologisches Bauen
Ideen, Planung, Ausführung

Thomas Drexel

Callwey

# Inhalt

# Vorwort

Seite 2 Ausgebautes Dachgeschoß einer alten Villa mit enormer Raumwirkung. Hier sind lediglich einige Zimmer abgetrennt, der weiß gestrichene Dachstuhl blieb sichtbar.

Seite 4 Das Zuschneiden von Ausbauplatten

Seite 5 Die unverschalte Holzkonstruktion schafft im Zusammenwirken mit den Dachschrägen und der zurückhaltenden Einrichtungsgestaltung eine sehr angenehme, nicht zu »heimelige« Atmosphäre.

4 Roswitha Veronelli freut sich über den gelungenen, mit viel Eigenleistung verwirklichten Dachgeschoßausbau in ihrer Doppelhaushälfte (siehe Projekt III).

Der Ausbau von Dachräumen ist ein hochaktuelles Thema, das stetig größere Bedeutung gewinnt. Immer mehr Familien erweitern so die ihnen zur Verfügung stehende Nutzfläche auf vergleichsweise einfache und kostengünstige Weise, immer mehr Menschen wissen auch den besonderen Reiz und die Atmosphäre von Dachwohnungen zu schätzen. Zudem bieten sich hier zahlreiche Möglichkeiten, selbst mit anzupacken und so Kosten einzusparen.
Jedoch müssen *eine Reihe planerischer, finanzieller und technischer Aspekte* beachtet werden, um bei dieser Unternehmung keinen »Schiffbruch« zu erleiden. So verlangen etwa schon die komplizierten bauphysikalischen Zusammenhänge bei der Dachdämmung eine intensive fachliche Auseinandersetzung mit dem Thema. Hierfür wie auch für alle anderen Aspekte des Dachausbaus bietet dieses Buch eine umfassende Hilfestellung.
*Die praktischen Abläufe* vom Dachaufbau über Dämmung und Innenausbau bis hin zur Bodenverlegung, werden anhand verschiedener Beispiele – u. a. zwei Doppelhaushälften, Reihenhäuser mit Solarenergienutzung und Maisonettewohnungen im Mehrparteienhaus – in Text und Fotos eingehend beschrieben. Großenteils handelt es sich dabei um nachträglich durchgeführte Ausbauten, teils aber auch um von vornherein planerisch vorgesehene Maßnahmen.
Einen Schwerpunkt bildet das Thema *Ökologisches Bauen* mit Ausführungen zu bauphysikalischen und baubiologischen Aspekten, Materialien und Baustoffen aus nachwachsenden Rohstoffen sowie deren positiven Auswirkungen auf das Raumklima.
Nicht zuletzt erhält der Leser fundierte Informationen über alle für den Dachausbau verfügbaren *Zuschuß- und Fördermöglichkeiten* und die zu erwartenden *Kosten*. Die in diesem Buch vertretenen, vom Charakter her ganz unterschiedlichen Ausbauprojekte zeigen auch, wie mit innovativen Lösungen Geld gespart werden kann, ohne gestalterische Abstriche machen zu müssen. Die *Adressen* wichtiger Ansprechpartner, Hersteller und Förderstellen bieten zusätzlichen Nutzen.
Bei aller praktischen Detailfülle ist es auch das Ziel dieses Buchs, den *gestalterischen Aspekt* angemessen zu berücksichtigen, denn gerade die Dachfläche ist äußerst anfällig für unsachgemäße Um- und Aufbauten, etwa überdimensionierte Gauben und Dachflächenfenster, entstellende Dacheinschnitte usw. Daß es auch ebenso günstige, ästhetisch anspruchsvollere Belichtungs- und Gestaltungsalternativen gibt, zeigen die in diesem Band vertretenen Projekte.

# Allgemeine Überlegungen zur Planung und Durchführung

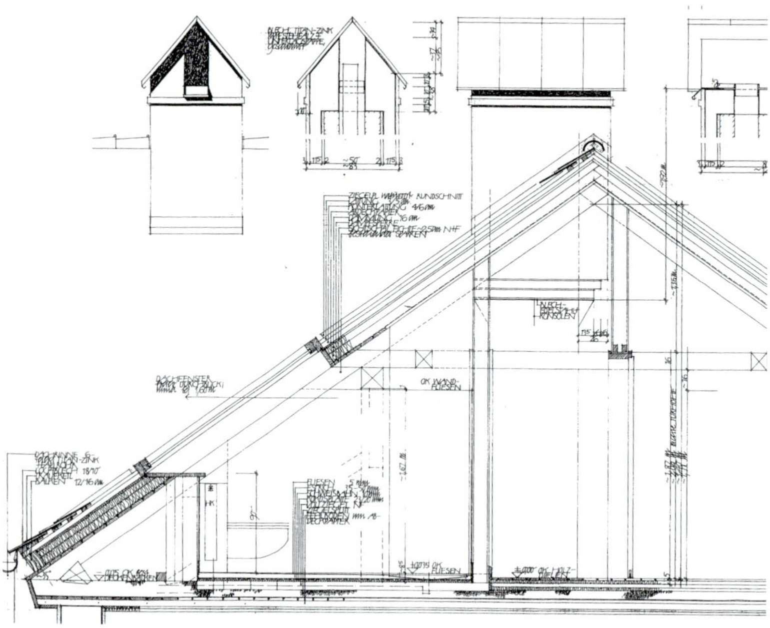

# Welche Vorteile und Möglichkeiten bietet der Dachausbau?

Viele Familien mit Kindern wissen es nur zu gut: Irgendwann wird im Haus der vorhandene Wohnraum zu knapp, es werden neue Kinderzimmer, Räume fürs Büro oder andere Nutzungen benötigt. Aber wie Abhilfe schaffen? Insbesondere, wenn man im eigenen Haus wohnt und dort gerne bleiben möchte? Um nicht zuletzt auch die mit einem Neubau oder dem Kauf eines größeren Gebäudes verbundenen Kosten zu vermeiden, wird man zunächst nach vorhandenen *Raumreserven* in den eigenen vier Wänden suchen. Meist bieten sich hierfür bisher nicht oder nur teilgenutzte Dachräume an. Wie ein solches Ausbauprojekt im Einfamilienhaus aussehen kann, zeigen die in diesem Buch vorgestellten Beispiele II, III und V.

Die *Geborgenheit vermittelnde Atmosphäre* von Räumen mit Dachschrägen oder sogar sichtbaren Balken und Sparren ist neben dem praktischen Nutzen zusätzlicher Wohnfläche sicherlich einer der wichtigsten Gründe dafür, warum alte Speicherräume zum Wohnen umgenutzt werden. Auch wenn das Vorhaben mit der rein pragmatischen Frage nach zusätzlichem Raumbedarf beginnt, genießen nach Beendigung der Arbeiten doch alle das besondere Wohn- und Wohlgefühl.

Dachwohnungen in Mehrparteienhäusern eröffnen oft besonders *schöne Ausblicke*. Beim Umbau können hier sehr erlebnisintensive Appartements mit mehreren Aufenthaltsebenen entstehen, die teils auch mit darunterliegenden Wohneinheiten verbunden werden können (siehe die Beispiele I, IV, VI).

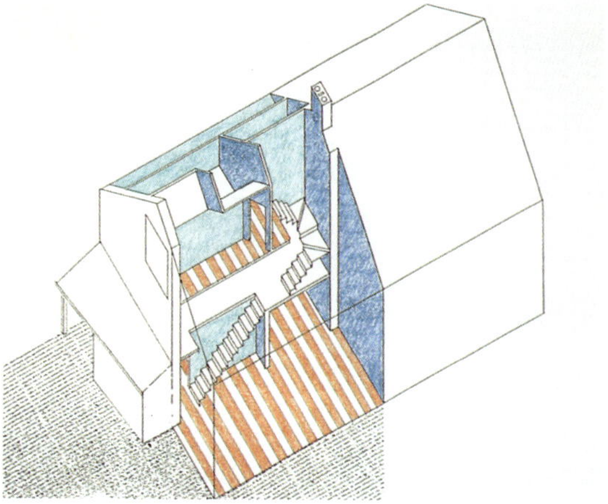

Aufgrund des Wohnerlebnisses zählen Dachwohnungen immer zu den begehrtesten Immobilien, die dem Eigentümer im allgemeinen auch hervorragende Wertbeständigkeit und bei Vermietung eine langfristig hohe Rendite versprechen.

Heute wird bei zunehmend mehr *Neubauten* der Ausbau der Dachräume gleich mit vorgenommen oder zumindest schon konzipiert, um ihn später problemlos realisieren zu können, wie in Beispiel III gezeigt. Diese Variante ermöglicht es auch, Investitionen über einen längeren Zeitraum hinweg zu strecken und das Dachgeschoß dann auszubauen, wenn es in die persönliche Finanzplanung hineinpaßt.

Bei Häusern, die seit 1950 errichtet wurden, ist die *Dachdeckung* im allgemeinen noch intakt und kann – falls nicht aus asbesthaltigen, gesundheitsschädlichen Materialien bestehend – im vorgefundenen Zustand belassen werden, um dann die Dämmung zwischen den Sparren einzubringen. Dies erfordert zwar aus bauphysikalischen Gründen eine sorgfältige Auswahl der Produkte und Materialien, ist aber sehr günstig und bietet sich gerade für Selbermacher an. Demgegenüber wird es natürlich etwas aufwendiger und teurer, wenn das Dach neu gedeckt und etwa mit einer Aufdachdämmung versehen werden soll. Diese ist allerdings bauphysikalisch insofern sinnvoll, als sich dabei die konstruktiven Holzteile im warmen Bereich befinden. Auch hier bleiben die Kosten in einem gesunden Verhältnis zu dem gewonnenen Wohnraum. Bereits für ca. DM 1500,– je $m^2$ können Speicherrräume qualitativ gut ausgebaut werden – ein für Neubauten unerreichbarer Preis!
Der Dachausbau ist also verglichen mit Neubauten bezogen auf die Fläche meist *günstiger* und damit insbesondere auch für junge Familien attraktiv. Ein weiteres wichtiges Einsparpotential besteht darin, daß *viele einfache Arbeiten* schon mit geringem Vorwissen und durchschnittlichem technischen Sachverstand *selbst ausgeführt* werden können. Gleichzeitig wird der geleistete Einsatz mit einem unvergleichlichen *Wohngefühl* belohnt.

5 Ein Vorteil ist es, wenn wie hier der Ausbau des Dachgeschosses von vornherein in die architektonische Gesamtplanung mit einbezogen werden kann (isometrische Darstellung).

6 Anders als bei der Zwischensparrendämmung erfordert die Dämmung über den Sparren (hier mit Pavatex-Holzfaserplatten) die Entfernung der Dachplatten.

# Wie können Dachräume sinnvoll genutzt werden?

7 Konstruktion einer Trennwand mit Holzständern, schalldämmender, S-förmig eingelegter Matte (in diesem Fall aus Kokosfaser) und Verschalung mit Ausbauplatten (Fermacell). (Horizontalschnitt, Auszug aus einem Dachgeschoßgrundriß) (M 1:11)

Wenn man sich den – gleichzeitigen oder schrittweisen – Dachausbau im Zusammenhang mit einer Neubauplanung vornimmt, besteht natürlich ein recht großer Gestaltungsspielraum. Handelt es sich dagegen um einen nachträglichen Dachausbau in einem bestehenden Gebäude, hat man sich nach den *vorhandenen Grundrissen und Dachformen* zu richten. Vor allem in bereits provisorisch oder teilweise ausgebauten Dachräumen sind unter Umständen schon Trennwände vorhanden, zumeist sind die Zwischenwände aber neu einzuziehen. Letzteres erlaubt es, kostengünstig neue Räume in der benötigten Größe zu schaffen. Dabei entsteht um so mehr nutzbarer Raum, je steiler die Dachneigung ist. Besonders gut eignen sich Mansarddächer, die meist bei alten Häusern anzutreffen sind und im eigentlichen Aufenthaltsbereich viel Bewegungsspielraum und zahlreiche Möglichkeiten zur späteren Gestaltung der Inneneinrichtung eröffnen. Hingegen macht ein Teil der neueren Satteldachhäuser mit sehr flachen Dachneigungen Probleme, da hier oft gar keine vernünftig nutzbaren Dachräume existieren. Dann bleibt meist nur die Neuerrichtung des Dachstuhls (Aufsattelung) oder aber die Aufstockung um ein zusätzliches Vollgeschoß.

8 Steil geneigte Satteldächer, wie dieses mit großer Dachbodenfläche, bieten günstige Voraussetzungen für die neue Grundrißgestaltung und vielfältige Nutzungen.

Um die Planung von vornherein optimal gestalten zu können, müssen sich die Bauherren zuvor über die *Nutzungsanforderungen* klargeworden sein. Werden etwa bei Familienzuwachs in einem Haus zusätzliche Zimmer benötigt, muß das Raumkonzept ganz anders aussehen als beim Ausbau einer Dachwohnung für Singles oder einen Zwei-Personen-Haushalt. Während im ersten Fall meist mehrere unterschiedliche Funktionen (z. B. Kinderzimmer, Büro- und Abstellräume) vorzusehen sind, kann im zweiten Fall gegebenenfalls der Dachraum als ganzer belassen oder nur teilweise abgetrennt werden, da es hier meist mehr auf das Wohngefühl und das Ambiente ankommt. Sollte die Möglichkeit bestehen, eine angrenzende Doppelhaushälfte bzw. ein Nachbarreihenhaus hinzuzuerwerben, müssen eine neue Erschließung (Treppen) und unter Umständen Wanddurchbrüche im Dachbereich eingeplant werden.

Bei der Entscheidung, ob *das Dach in einem Schritt ausgebaut* werden soll, wird man sich zunächst natürlich wiederum nach dem vorhandenen und dem benötigten Platzbedarf richten. Das Dachgeschoß eines kleinen Reihenhauses mit 80 m² Wohnfläche, das von einer mehrköpfigen Familie bewohnt wird, wird im Normalfall sicherlich in seiner Gesamtheit ausgebaut werden. Dies ist auch vom Arbeitsablauf her praktischer, da so viele Arbeits- und Vorbereitungsschritte nur einmal durchzuführen sind und der Umbau hinterher abgeschlossen ist. Insbesondere Bewohner, die während des Dachausbaus weiterhin im Haus wohnen, sind um einen zügigen Abschluß aller Arbeiten in der Regel sehr froh. Zudem ist diese Lösung finanziell insgesamt günstiger, da ein Teil der Kosten für Baustelleneinrichtung, Anfahrten, Lieferungen usw. dann nur einmal anfällt. Bei großen Dachräumen, einem geringen zusätzlichen Platzbedarf oder aus finanziellen Erwägungen können zunächst auch *nur Teilbereiche ausgebaut* werden, jedoch sollten zumindest die grundlegenden Schritte (Dachhaut und Dämmung, Installation der Steigleitungen für die Haustechnik) bereits in diesem ersten Bauabschnitt mit ausgeführt werden.

9 Ein Dachstudio weitgehend ohne trennende Barrieren. Ein solches Wohnparadies wird sich leider nur selten realisieren lassen. Meist sind auf relativ kleiner Fläche eine Vielzahl von Nutzungen unterzubringen.

10 Noch unausgebauter Dachraum mit bereits installierten Zuleitungen für die Haustechnik.

# Der Beginn der Planung: Dachausbau mit oder ohne Architekt?

11 Beispiel einer vom Architekten gezeichneten Dachgeschoßkonstruktion (Schnitt durch den Giebelbereich). (Planung: Wilhelm Drexel) (M 1:42)

In vielen Fällen ist für die beim Dachausbau vorgesehenen Maßnahmen eine Baugenehmigung nötig. Doch selbst wenn bestimmte Modernisierungen nicht mehr genehmgungspflichtig oder auch andere Berufsgruppen als Architekten für die Erstellung der Eingabeplanung zugelassen sein sollten, empfiehlt sich das Hinzuziehen eines kompetenten Planers. Dies bietet am ehesten die Gewähr dafür, daß die komplizierten bauphysikalischen und baubiologischen Zusammenhänge – etwa bei der Dämmtechnik und der Auswahl der Baustoffe – berücksichtigt und mit gestalterisch vernünftigen Lösungen (z. B. bezüglich der Dachflächen) verbunden werden.
Nun ist es in der Praxis oft so, daß die Kosten für das Architektenhonorar eingespart und Baumaterialgeschäfte oder teils nicht ausreichend informierte Praktiker für Tips und Planung zu Rate gezogen werden. Gerade ein falscher Ratschlag und eine daraus resultierende Fehlstelle im Dachbereich können aber gravierende Probleme – z. B. Wärmeverluste und Feuchtigkeitsherde – verursachen und ein Vielfaches des Architektenhonorars kosten. Zudem fällt dieser Betrag beim Dachausbau aufgrund der vergleichsweise niedrigen Bausummen weniger stark ins Gewicht.
Alles in allem also der dringende Rat: Lieber kurzfristig *etwas* mehr Geld investieren und damit ein konstruktiv, dämmungstechnisch und gestalterisch gut ausgebautes Dach erhalten, als ein ästhetisch unzulängliches Ergebnis, langen Ärger und hohe Folgekosten durch Bauschäden riskieren!

# Wie laufen die Planungsschritte ab?

Wurde ein Planer beauftragt, obliegen diesem die verschiedenen Schritte der Ausbauvorbereitung. Zunächst empfiehlt sich stets eine *Bauvoranfrage* bei den zuständigen Genehmigungsbehörden in den Kommunen oder auf Ebene der regionalen Gebietskörperschaften (z. B. Landkreisbehörden). Hierbei erhält man Kenntnis von den in existierenden Bebauungsplänen, städtebaulichen Rahmenplänen usw. festgelegten Rahmenbedingungen. Insbesondere, wenn für das eigene Grundstück ein Bebauungsplan aufgestellt wurde, sind in diesem oft auch Bestimmungen über Form, Neigung und Gestaltung von Dachflächen, über zulässige Geschoßzahl und -höhe usw. enthalten.
In der Schweiz sind in einigen Kantonen etwa bestimmte historische Bedachungsmaterialien vorgeschrieben. Die gesetzlichen Vorgaben (in Deutschland vor allem im Baugesetzbuch – BauGB – und in den verschiedenen Landesbauordnungen – LBOs – enthalten) regeln etwa die Mindesthöhen von

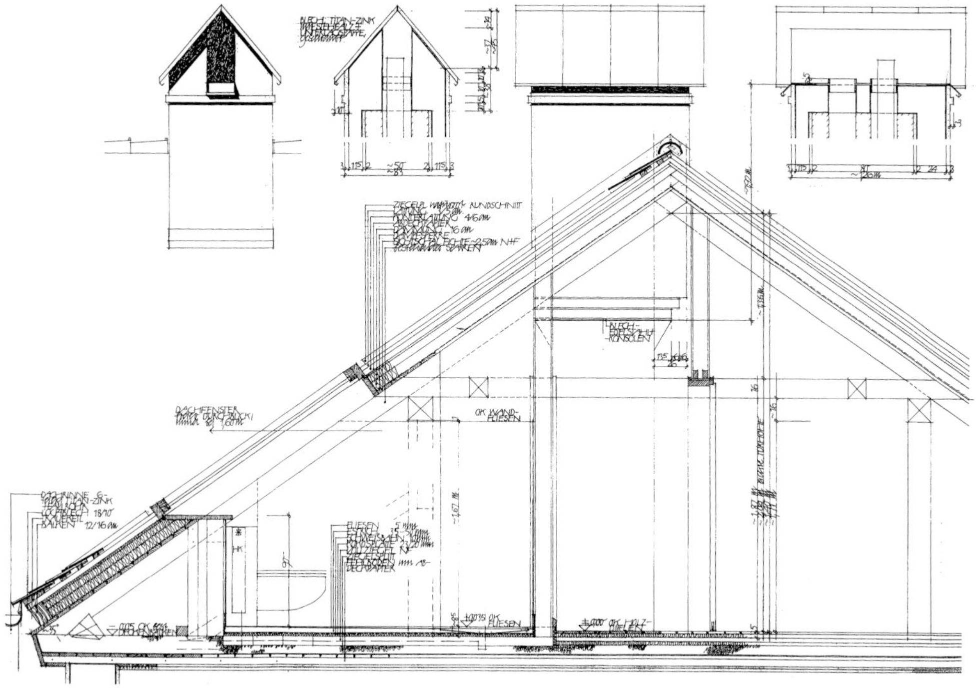

Dachgeschossen, die einzuhaltenden Abstandsflächen usw. All dies muß in die Planung miteinbezogen werden. Auch wenn mancherorts im Zuge aktueller Baurechtsnovellierungen mehr Umbauvorhaben als früher genehmigungsfrei sind, ist eine sorgfältige Vorinformation doch auf jeden Fall sehr wichtig. Abrißverfügungen bei Nichtbefolgung werden heute recht häufig ausgesprochen und sind in jedem Fall teurer als die Orientierung an den baurechtlichen Vorgaben!

Im Normalfall sieht der *Planungsablauf* so aus, daß aus den zunächst gefertigten *Vorentwürfen* der *Entwurf* abgeleitet wird. Auf dieser Grundlage können auch eine genauere *Kostenschätzung,* der *Finanzierungsplan* und gegebenenfalls weitere *Kalkulationen* erstellt werden. Spätestens zu diesem Zeitpunkt sollte nochmals der Kontakt mit Genehmigungsbehörden und potentiellen Zuschußgebern gesucht werden, um die Planungen nicht in eine falsche Richtung laufen zu lassen. Am Ende steht die *Eingabeplanung* (mit allen Planunterlagen – wie Grundrissen, Ansichten, Schnitten –, einer Baubeschreibung und eventuell Zuschußanträgen), aus der bei erfolgter *Genehmigung* die Werkplanung abgeleitet wird. Diese enthält u. a. detaillierte Konstruktionszeichnungen (z. B. für den Dachaufbau), die dem Handwerker und gegebenenfalls auch dem Heimwerker später als Grundlage zur Ausführung der Arbeiten dienen. Schließlich wird meist eine Ausschreibung für diejenigen Arbeiten gemacht, mit denen Handwerksbetriebe beauftragt werden sollen.

# Welche Möglichkeiten der Förderung und Finanzierung gibt es?

Grundsätzlich stehen dem Bauherrn sowohl in Deutschland als auch in der Schweiz und Österreich im Zusammenhang mit dem Dachgeschoßausbau eine ganze Reihe finanzieller Erleichterungen und Fördermittel zur Verfügung. Hierbei handelt es sich in erster Linie um *Steuervergünstigungen, zinsgünstige Darlehen* oder *nichtrückzahlbare Zuschüsse für Investitionskosten*. In bestimmten Fällen werden auch *Anschaffungskosten* gefördert. Wenngleich nur selten spezifische Förderprogramme für den Dachausbau existieren, so können doch *teilweise allgemein baubezogene oder auf Energieeinsparung/Alternativenergien gerichtete Finanzmittel* genutzt werden. Schwerpunktmäßig gelten diese für folgende Bereiche:

- die Schaffung zusätzlichen Wohnraums im Bestand,
  teils für Eigennutzung,
  teils für Vermietung / im Rahmen des sozialen Wohnungsbaus
- die Verbesserung der Wärmedämmung (durch bessere Dämmtechnik, durch den Einbau geeigneter Fenster usw.)
- die Installation von Solarkollektoren und Photovoltaikanlagen
- den Einbau umweltschonenderer Heizanlagen und
- die Umrüstung auf umweltfreundliche Energiesysteme wie Fernwärme, Kraft-Wärme-Kopplung, Erdgas, Holz/Hackschnitzel usw.

12 Auch für die Verbesserung der Wärmedämmung im Rahmen des Dachausbaus stehen Fördermöglichkeiten zur Verfügung. Hier die thermographische Darstellung eines mit Zelluloseflocken (Isofloc) gedämmten Dachs. Gut gedämmte Bereiche erscheinen blau, schlecht gedämmte rot bzw. gelb.

## Deutschland

Bauvorhaben werden im Rahmen der *Wohneigentumsförderung* unterstützt. Bei selbstgenutztem Wohneigentum werden innerhalb der relevanten Einkommensgrenzen die Eigenheimzulage von DM 5000,–/Jahr (Neubau) bzw. DM 2500,– (Altbau) und die Kinderzulage von DM 1500,–/Jahr gewährt. Zusätzlich können »Öko-Zulagen« für Niedrigenergiehäuser oder den Einbau energiesparender Technologien von bis zu DM 400,–/500,–/Jahr hinzukommen. Daneben bestehen Abzugsmöglichkeiten von der steuerlichen Bemessungsgrundlage (Vorkostenpauschale DM 3500,–, Erhaltungsaufwendungen von bis zu DM 22 500,–) und gegebenenfalls weiteres mehr. Junge Familien können zinsgünstige Darlehen der Kreditanstalt für Wiederaufbau (KfW) erhalten.

Für die *Modernisierung und Instandsetzung* des Wohnungsbestandes gibt es verschiedene Förderwege. Die erhöhten Abschreibungen und Sonderabschreibungen für Instandsetzungen in den neuen Bundesländern gelten hierbei zunächst nur für bis Ende 1998 durchgeführte Vorhaben. Im Rahmen des *sozialen Wohnungsbaus* bzw. des *Mietwohnungsbaus* können je nach den Bestimmungen des Bundeslandes auch nachträgliche Dachgeschoßausbauten mit Zuschüssen oder verbilligten Krediten gefördert werden.

13 Die vollständig nach ökologischen Gesichtspunkten geplante Wohnsiedlung Geroldsäcker in Karlsruhe. Gute Wärmedämmung, passive Sonnernenergienutzung und die Installierung von Solartechnik im Dachbereich gehen hier Hand in Hand.

Dabei sind in einigen Bundesländern auch Mieter antragsberechtigt. Hilfen aus der *Städtebauförderung* für die sogenannten unrentierlichen Kosten stehen unter Umständen dann zur Verfügung, wenn sich das Gebäude in einem festgelegten Sanierungs- oder Entwicklungsgebiet befindet. Dachgeschoßausbauten in *Baudenkmälern* können, wenn die Genehmigung hierzu erteilt wird, anteilig an den Gesamtkosten steuerlich geltend gemacht werden.

Für *Auskünfte* und die *Bearbeitung von Förderanträgen* im *Baubereich* sind in den alten Bundesländern die Wohnungsbauämter oder die Bauämter der Landkreis- bzw. Stadtverwaltungen, in einigen Fällen auch die Regierungen zuständig. In den neuen Ländern erteilen meist die Bau- und Wirtschaftsministerien Auskunft; die genauen Anlaufstellen finden sich in der vom Bundesbauministerium herausgegebenen Broschüre »So hilft der Staat beim Bauen« (vgl. Literaturverzeichnis).

Für *Steuererleichterungen* sind die Finanzämter zuständig. Speziell für die *Verbesserung der Wärmedämmung bei älteren Gebäuden* (Bauantrag vor dem 1.11.1977) stehen zinsgünstige Kredite der Kreditanstalt für Wiederaufbau (KfW) zur Verfügung. Informationen geben das Bundesbauministerium (Deichmannsaue, 53179 Bonn) und die Banken und Sparkassen, wo auch die Antragsformulare erhältlich sind.

Die im Rahmen des Dachausbaus relevanten *Fördermöglichkeiten im Sektor Energieeinsparung/alternative Energietechniken* von Bund und Ländern, aber auch der Gemeinden sowie der regionalen Energieversorgungsunternehmen, sind zu vielfältig und zu unterschiedlich, um sie hier ausführlich darstellen zu können. Einen guten, sehr umfassenden Überblick bietet dazu die »Förderfibel Energie« (siehe Literaturverzeichnis). Trotz allgemein zurückgehender Haushaltsmittel wurden in den letzten Jahren erneuerbare Energien mit leicht steigender Tendenz gefördert. Allerdings stehen die zur Verfügung gestellten Mittel in keinem Verhältnis zum Bedarf. So waren etwa 1998 praktisch alle relevanten Förderprogramme des Bundes bereits im März (!) erschöpft. Es ist also dringend notwendig, die beabsichtigten Maßnahmen gut vorzubereiten und die Förderanträge frühzeitig einzureichen. Für das Bundesförderprogramm können Informationen und Antragsunterlagen beim Bundesamt für Wirtschaft (BAW) angefordert werden (BAW, Frankfurter Str. 29 – 31, 65760 Eschborn/Ts., Tel. 06196-404-0, Fax 06196-94226). Weiterhin ist auf das DTA-Umweltprogramm und die »50 000 Dächer-Solar-Initiative« hinzuweisen (Informationen und Antragstellung bei der Deutschen Ausgleichsbank, 53170 Bonn, Tel. 0228-831-23 13, Fax 0228-831-24 44).

Die Länderprogramme werden zumeist von den Regierungsstellen oder Landratsämtern verwaltet.

## Schweiz

In der Schweiz kann grundsätzlich die Erneuerung von Wohneigentum und Mietwohnungen durch Bürgschaften, Zuschüsse, verbilligte Kredite usw. gefördert werden. Voraussetzung ist hierbei allerdings die Bedürftigkeit. Nähere Informationen finden sich in den vom zuständigen Bundesamt für Wohnungswesen herausgegebenen Broschüren (siehe Literatur). Hierin enthalten sind auch die Adressen der für das Wohnungswesen zuständigen Kantonalen Fachstellen (Bundesamt für Wohnungswesen, Storchengasse 6, CH-2540 Grenchen, Tel. 032-6 54 91 10, Fax 032-6 54 91 10).
Ferner besteht unter Federführung des Bundesamts für Energie das »Investitionsprogramm Energie 2000«, das gemäß dem Standard E2000 Öko-Bau die Energieeinsparung und den Einbau von alternativen Energietechniken in vorhandene Gebäude zum Ziel hat. Eine bessere Dachdämmung kann in diesem Rahmen fakultativ mit SFR 20,– je m², die Optimierung der Wanddämmung mit SFR 30,– je m² gefördert werden. Voraussetzung ist in beiden Fällen das Erreichen eines k-Werts von höchstens 0,3. Auch Dämmaßnahmen an Fenstern und Böden sind unter bestimmten Bedingungen förderfähig. Bei Beteiligung an einem oder mehreren der Förderbereiche können zusätzlich eine Photovoltaikanlage bezuschußt und eine Zusatzförderung bewilligt werden. Anträge für dieses aktuelle Programm sind bis Dezember 1998 einzureichen. Hierüber und über weitere Fördermöglichkeiten erteilt das »Investitionsprogramm Energie 2000« Auskünfte (Bearbeitungszentrum Zürich, Postfach 3067, 8021 Zürich, Telefon 01-6 32 76 76, Fax 01-6 32 10 23).

Weitere Förderungen werden von den Kantonen getragen, die großenteils gesetzliche Vorgaben zu den Bereichen Bauen und Energie erlassen haben (wichtig hier insbesondere die Umsetzung der Ziele des »Energie 2000«-Programms und der Empfehlungen SIA 380/1-4). Einige Kantone fördern aus eigenen Mitteln die energetische Optimierung von Gebäuden, andere informieren zumindest über Steuererleichterungen im Bereich Energiesparmaßnahmen.

## Österreich

Von seiten des Bundes stehen in erster Linie Förderprogramme im Bereich Energieeinsparung/alternative Energietechnik zur Verfügung. Ausgaben für die Schaffung oder Sanierung von Wohnraum (darunter auch Dachausbauten und die Verbesserung der Wärmedämmung) können unter bestimmten Bedingungen als Sonderausgaben bei der Einkommensteuer geltend gemacht werden. Die Bundesländer sind zum größten Teil für das Bauwesen zuständig, haben entsprechend für den Dachgeschoßausbau jeweils unterschiedliche gesetzliche Vorschriften erlassen und verfügen auch über unterschiedliche Förderprogramme. Daneben haben die Länder meist separate Programme für Wohnhaussanierungen und die energietechnische Verbesserung von Gebäuden, aber auch den Einbau von Solaranlagen aufgelegt, die in der Broschüre »Energiesparförderungen, Österreich-Ausgabe« (siehe Literaturverzeichnis) zusammengefaßt sind. Zusätzlich empfiehlt es sich stets, Kontakt zu den Landesregierungsstellen (Abteilungen für Wohnungsförderung) oder deren Außenstellen aufzunehmen. Die Programme der einzelnen Bundesländer sind meist in praktischen Wohnbaufibeln zusammengefaßt, die sowohl

Umbauten als auch energetische Maßnahmen behandeln und über die Landesregierungen bezogen werden können.
Für Baubewilligungen sind die Kommunalverwaltungen zuständig. Einen Sonderfall stellen Baudenkmale im Sinne des österreichischen Bundesdenkmalgesetzes dar, bei denen auch für Dachgeschoßausbauten die Zustimmung des jeweiligen Landeskonservatorats des Bundesdenkmalamts notwendig ist.
Bei Anträgen gleich welcher Art muß – sowohl in Deutschland als auch in der Schweiz und in Österreich – beachtet werden, daß *mit dem beantragten Bauvorhaben* in der Regel *erst nach Erhalt der Förderzusage begonnen werden darf.* Eine Ausnahme gibt es nur, falls eine vorzeitige Bewilligung erteilt wurde.

14 Für die Installation von Solaranlagen im Zuge von Dachausbau- oder Umbaumaßnahmen (siehe Projekt II) können Fördergelder bewilligt werden.
Entscheidend ist jedoch immer eine zeitige Antragstellung.

# Welche Aspekte sind beim Dachaufbau und bei der Dämmung zu berücksichtigen?

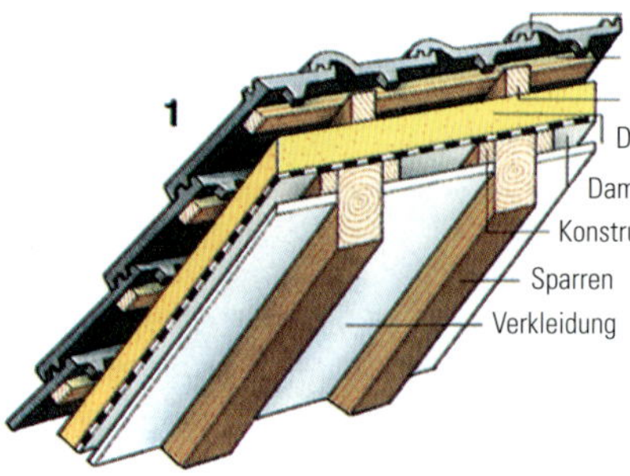


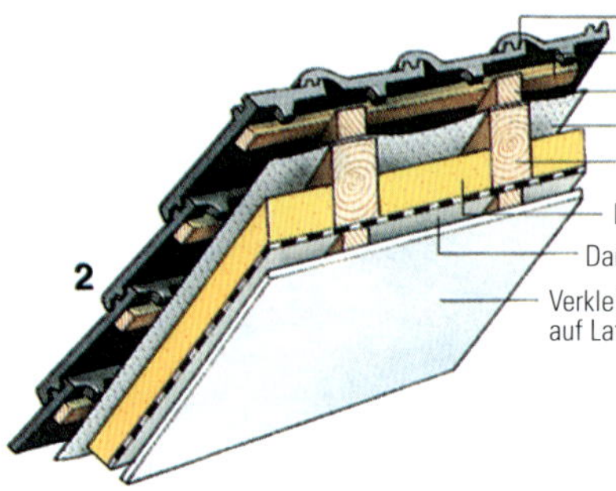


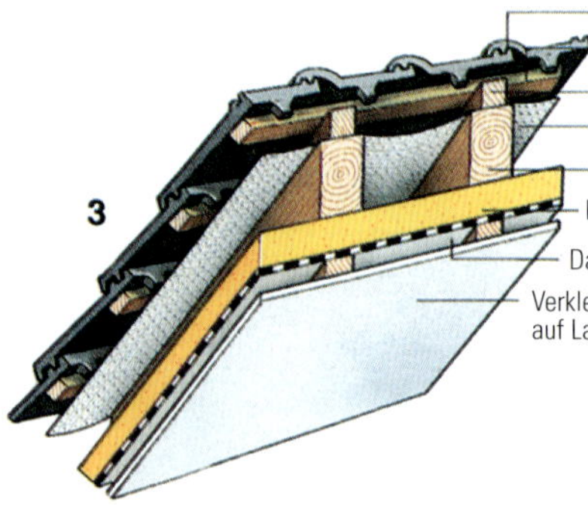


15 Die drei grund sätzlichen Varianten der Dachdämmung: über den Sparren (1), zwischen den Sparren (2) und unter den Sparren (3).

Wie bereits angesprochen, können die beim Dachausbau möglichen Einspareffekte durch falsche Techniken, Materialien und falsche Ausführung schnell zunichte gemacht werden. Hier gilt es, das bauphysikalisch äußerst komplexe System Haus zu verstehen, um daraus die Entscheidung über anzuwendende Techniken und optimal angepaßte Baustoffe ableiten zu können. Von eminenter Bedeutung ist, daß die verschiedenen Schichten der Dachhaut genau aufeinander abgestimmt sind.

## Dachaufbau, Dachhaut und Belichtung

Zunächst gilt es, drei grundsätzliche Methoden des Dachaufbaus zu unterscheiden, nämlich die Dämmung *auf* den Sparren, *zwischen* den Sparren und *unter* den Sparren. Erstere macht die Abdeckung des Daches nötig und bietet sich daher vornehmlich dann an, wenn das Deckungsmaterial oder der Dachstuhl ganz oder teilweise erneuert werden müssen (z. B. bei Altbausanierungen oder Dachaufstockungen). Zwischen den Sparren wird demgegenüber dann gedämmt, wenn die Deckung belassen werden kann. Diese Variante ist vergleichsweise günstig und relativ leicht auszuführen. Die Untersparrendämmung kommt vor allem in Frage, wenn zu dünne Sparren oder besondere Anforderungen an die Dämmung ergänzend zur Zwischensparrendämmung eine zusätzliche

Schicht erfordern, kann aber auch allein angewandt werden. Alle genannten Möglichkeiten können sowohl belüftet als auch unbelüftet ausgeführt werden, d. h. mit oder ohne eine direkt mit der Außenluft in Verbindung stehende Lüftungsebene unmittelbar über der Dämmschicht.
Wenn die Dachdeckung ohnehin abgetragen werden muß oder die Bauherren den Dachgeschoßausbau bewußt mit der energietechnischen Aufwertung ihres Hauses verbinden wollen, wird immer häufiger an die Installation von Solaranlagen gedacht. Insbesondere für den Fall, daß ein Niedrigenergiehaus angestrebt wird, ist die Nutzung der Solarenergie ein wichtiger Teilbaustein, der sich trotz der verfügbaren Fördermöglichkeiten kurzfristig

16 Bei dieser Art der Dachkonstruktion erfolgt die Belüftung zum einen über die Traufe, zum anderen über den Lüfterfirst.

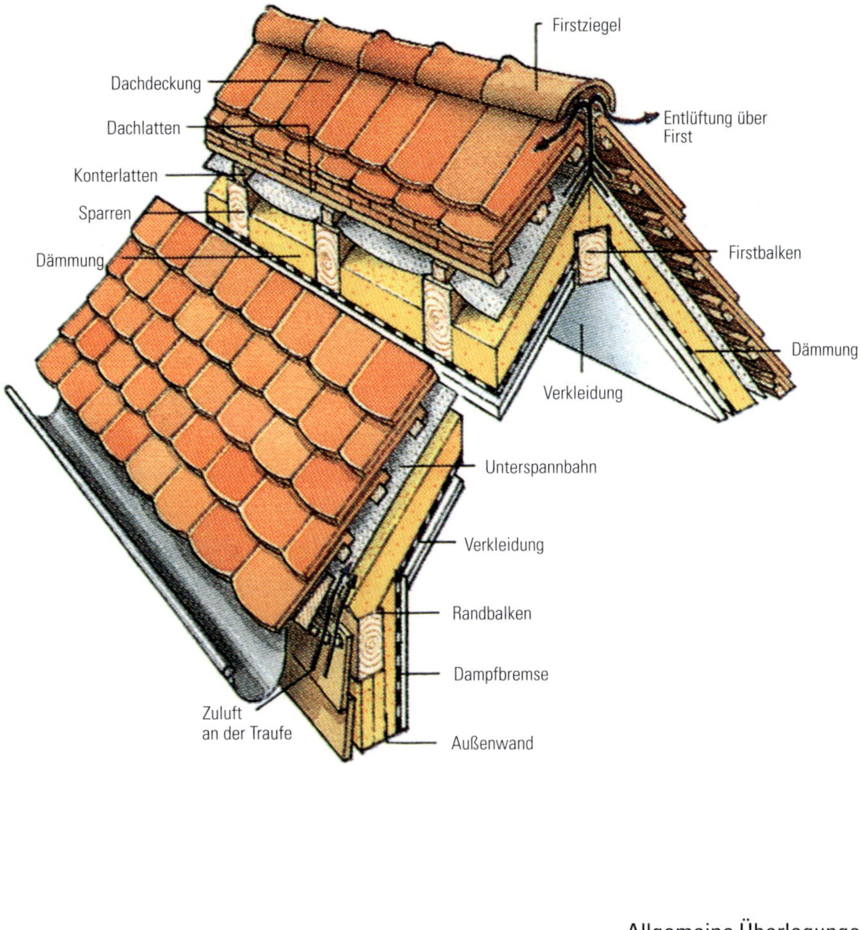

17 Bei diesem Solardachziegelsystem (Laumans) werden vor Beginn der Dachdekkung Kabelkanäle eingebaut. In diese werden Strangkabel eingelegt und zum Anschlußkasten geführt. Die Solarmodule werden (von oben beginnend) in die Dachziegel eingeklipst.

zwar noch nicht finanziell »rechnet«, aber mittel- und langfristig durchaus große Energiesparpotentiale bietet. Verschiedene Dachziegelhersteller (z. B. die Firma Laumans) haben ein neues System entwickelt, das für Bauherren die Installation einer Photovoltaikanlage attraktiver machen soll. Hierbei können die Solarmodule in die einzelnen Dachplatten integriert werden. Besonders interessant ist der Aspekt, daß die Dachpfannen zunächst auch ohne Solarmodule aufgedeckt werden können. Die Solartechnik kann man dann je nach Finanzlage jederzeit nachrüsten. Ansonsten stehen für die Eindeckung zahlreiche unterschiedliche Tondachziegel verschiedenster Hersteller zur Verfügung (umfassende Produktübersicht in »DDH Edition Dachziegel«, siehe Literaturverzeichnis).

Wichtige und fachgerecht in die Dachfläche einzubindende Bauteile sind die *Gauben* bzw. *Dachflächenfenster*. Letztere bringen allerdings – vor allem bei Altbauten – oft gestalterische Probleme mit sich und können insbesondere bei größerer Dimensionierung zu einer übermäßigen Erwärmung des Dachraums führen. Die aufheizende Wirkung tritt insbesondere bei konventionellen Dämmstoffen auf, ist aber natürlich auch dann kontraproduktiv, wenn man sich für temperaturausgleichende, ökologische Dämmaterialien entschieden hat. In jedem Fall sollte für eine ausreichende, am besten außenliegende Beschattung gesorgt werden.

18 Am First dieses Altbaus werden neue Biberschwanzdachplatten aufgedeckt. Rechts ist noch die freie Dachlattung zu erkennen. Die neuen Satteldach- und Schleppgauben sind bereits montiert (Planung: Architekt Ammann, Augsburg; Ausführung: Fa. Gerth).

## Bauphysikalische Erfordernisse und Dämmstoffeigenschaften

Heute herrscht weitgehend Einigkeit darüber, daß die gewählte Dachkonstruktion sowohl das Eindringen von Niederschlagswasser und Feuchtigkeit verhindern als auch *diffusionsoffen*, d. h. wasserdampfdurchlässig sein sollte. Wenn diese Voraussetzungen nicht erfüllt sind, besteht die große Gefahr, daß die Dämmwirkung stark abnimmt. Nur trockene Dämmstoffe dämmen zuverlässig! Ferner kann eindringende Feuchtigkeit die Dachkonstruktion schädigen und enorme Sanierungskosten verursachen. Bei der Wahl der Dämmsysteme muß dieser Faktor immer beachtet werden. Durch das Anbringen von Dampfbremsfolien auf den Innenseiten der Dämmung muß das Eindringen von übermäßiger Feuchtigkeit in die Dämmungsschicht verhindert werden.
Eine wichtige, heute weitgehend unbestrittene Grundforderung ist es, durch die Wahl geeigneter Produkte und die fachmännische Verarbeitung eine *luftdichte Dämmung* zu erreichen. Da nur unbewegte Luftmoleküle im Dämmstoff eine optimale Dämmwirkung entfalten, können bereits kleine Undichtigkeiten hohe Wärme- und damit Energieverluste nach sich ziehen. Des weiteren begünstigen solche Undichtigkeiten die Durchfeuchtung. Für die Erfolgskontrolle hinsichtlich der Luftdichtheit gibt es mittlerweile zuverlässige Methoden wie z. B. den sogenannten *blower-door-test*. Manche Hersteller wie etwa Moll (Pro Clima) bieten über ihre Vertragsbetriebe die Durchführung günstigerer Testmethoden an.
Die Abbildungen zeigen die Aufbringung einer ökologisch und bauphysiologisch empfehlenswerten Dampfbremspappe, die die oben erwähnten Vorteile der Diffusionsoffenheit und der Luftdichtheit verbindet.
Durch die Verwendung von Dämmaterialien aus nachwachsenden Rohstoffen mit hoher Feuchtigkeitsspeicherfähigkeit wie Holzfaser- oder Zelluloseplatten (z. B. von Pavatex oder Homatherm) bzw. Zelluloseflocken (z. B. von Isofloc, Climacell) lassen sich die Gefahren eindringender Feuchtigkeit mindern, vor allem aber verbessern diese durch ihre feuchtigkeits- und temperaturausgleichende Wirkung das Raumklima. Daraus ergibt sich ein wirksamer Schutz nicht nur gegen Kälte, sondern vor allem auch gegen Hitze, der bei Dachräumen eine sehr wichtige Rolle spielt. Wer schon einmal in einem gegen Hitze ungenügend geschützten Dachraum zu schlafen oder zu arbeiten versucht hat, weiß dies richtig einzuschätzen.

19

19 Die diffusionsoffene Dichtungsbahn (Pro Clima) auf die gewünschte Länge ausrollen und auf einer geeigneten Unterlage mit einem Fußbodenmesser abschneiden.

20 Um die Dichtungsbahn optimal an angrenzende Bauteile verkleben zu können, wird diese entsprechend vorgefaltet.

20

21

21 Bei flächiger Verlegung parallel zum Sparren heftet man das freie Ende der Bahn an der Fußpfette (bzw. einem Sparren nahe der Fußpfette) an. Dann wird entlang der Konstruktion nach oben ausgerollt, bis ca. 1 m unter Sparrenende ausgerichtet und am Sparren befestigt (Klammerabstand max. 15 cm). Bei späterem Einblasen einer Zellulosedämmung sollte der Klammerabstand höchstens 5 cm betragen. Der Abstand der Querlattung sollte nicht über 50 cm liegen.

22

23

24

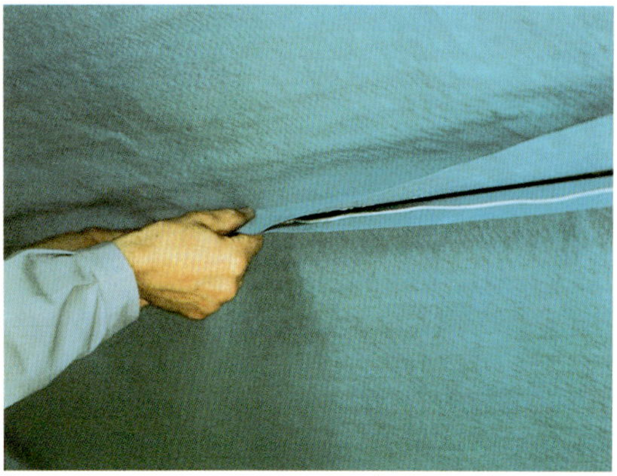

25

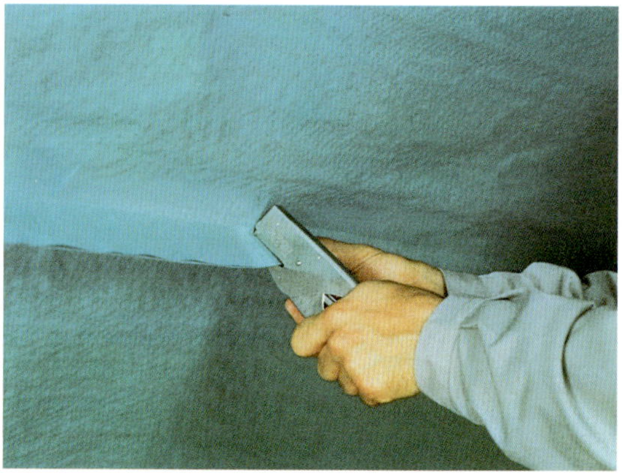

22 Bei flächiger Verlegung quer zum Sparren werden die Bahnen am äußersten Sparren an einer Stelle in der Bahnmitte angeheftet, quer zu den Sparren ausgerollt, geradegezogen und alle 3–4 m punktweise angebracht. Danach an jedem Sparren anheften. Wie oben sollte der Klammerabstand höchstens 15 cm, bei späterem Einblasen einer Zellulosefüllung höchstens 5 cm betragen.

23 Die Verklebung der Bahnen kann in Abschnitten oder nach Verlegung aller Bahnen erfolgen. Dazu muß das überlappende Bahnenstück hochgeklappt und der zum System gehörige Kleber aufgetragen werden. Um absolute Luftdichtheit zu erreichen, den Kleber als durchgehende Klebeschnur auftragen. Dann das überlappende bzw. anschließende Bahnenstück wieder zurückschlagen und am Untergrund befestigen.

24 Bei der waagerechten Verklebung die untere Bahn umfalten, den Kleber auf den umgeklappten Streifen auftragen, die obere Bahn darüberlegen und beide Bahnen zwischen zwei Fingern zusammendrücken.

25 Anschließend werden beide Bahnen in Höhe der Überlappung mit einer Heftzange zusammengeklammert. Die abstehende Überlappung nach unten klappen und am Sparren festheften. Bei Einblasdämmungen über oder unter dem Querstoß eine Lattung quer montieren und daran den überlappenden Streifen befestigen.

26 Auch angrenzende, schwierige Bauteile wie Dachflächenfenster müssen dicht angeschlossen werden. Die Ecken werden zuerst mit Streifen luftgedichtet. Anschließend wird der Kleber an der Nutwange aufgetragen, um danach den Streifen aufzukleben.

27 Luftdicht angeschlossenes Dachflächenfenster.

26

27

28 Mit dem airtest-Gerät kann die tatsächliche Luftdichtheit nach Fertigstellung der Arbeiten überprüft werden.

Wichtig ist ferner, daß der ausgewählte Dämmstoff einen niedrigen *Diffusionswiderstand* (möglichst 1 – 2) aufweist; der Wert sollte aber über dem der verwendeten Unterspannbahn bzw. Dachplatte liegen, um eine optimale Abführung der Feuchtigkeit nach draußen zu gewährleisten. Die ungehinderte Feuchtigkeitsabführung muß (nach DIN 68 800) schon deshalb gewährleistet sein, um auf Holzschutzmittel verzichten zu können.
Für die *Dämmwirkung* eines Produkts entscheidend ist seine *Wärmeleitfähigkeit.* Hierbei dämmt z. B. ein Produkt der Wärmeleitgruppe 035 besser als eines der WLG 040. Eine WLG von mindestens 045 ist heute Standard. Für den letztlich erreichten Wärmedurchgangswiderstand (sogenannter k-Wert) entscheidend ist allerdings die gesamte Dachhautkonstruktion. Dabei spielt auch hier die Speicherfähigkeit des Dämmmaterials eine wichtige Rolle. Nach der neuen deutschen Wärmeschutzverordnung müssen im Normalfall Neubauten einen k-Wert von 0,22, Altbauten einen k-Wert von 0,30 erreichen.
Während für die nachträgliche Dachdämmung (meist in Rollenform angebotene) Klemmatten und -filze oder Einblasprodukte aus Zellulose oder Holzfasern am besten geeignet sind, werden beim Neuaufbau des Dachs mit der Aufsparrendämmung oft feuchtigkeitsabweisende Holzfaser-Dämmplatten (z. B. von Pavatex) verwendet, die dann gleichzeitig die sonst notwendige Unterspannbahn bzw. Winddichtung ersetzen.
Ferner werden Platten auch für die Untersparrendämmung und die Dämmung von Wänden eingesetzt. Schüttdämmstoffe eignen sich in erster Linie für Decken.
Nahezu alle empfehlenswerten Öko-Dämmstoffe werden in Brandklasse B2 eingestuft.
Mittlerweile hat sich in zahlreichen Versuchen und in der Praxis erwiesen, daß die Brandan-

fälligkeit natürlicher Dämmstoffe in der Regel nicht höher, sondern teils sogar geringer ist als die konventioneller Produkte. Zum Beispiel konnte der Nachweis geführt werden, daß Zelluloseflocken (Isofloc) im Brandfall außen verkohlen, dadurch nicht weiterbrennen und so zusammen mit den enthaltenen Boraten die schnelle Ausbreitung des Feuers wirksam verhindern.

## Ökologische Aspekte

Nicht zuletzt entscheidet heute neben den bauphysiologischen und baubiologischen Aspekten immer häufiger auch die gesamtökologische Unbedenklichkeit von Baustoffen über deren Verwendung. Hierbei sind neben der Frage gesundheitsschädlicher Emissionen auch die bei der Produktion und Verarbeitung eingesetzten Stoffe, der Energieverbrauch bei der Herstellung, die Recyclingfähigkeit u.v.m. von Belang. Produkte aus Glas- oder Steinwolle schneiden auch hier gegenüber der mittlerweile sehr breiten Produktpalette aus natürlichen bzw. nachwachsenden Rohstoffen vor allem dann schlechter ab, wenn die Rohstoffe ökologisch erzeugt und auf die Beimengung gesundheitlich bedenklicher Substanzen (Formaldehyd, halogenorganische Verbindungen, Erdölprodukte usw.) verzichtet wurde. Umfassende ökologische Testberichte zu Dämmstoffen wie auch anderen Produkten veröffentlicht insbesondere die Zeitschrift »Öko-Haus« (vgl. hierzu vor allem Heft 1/98). Preislich können die in allen gängigen Verarbeitungsformen verfügbaren Öko-Dämmstoffe mittlerweile teils schon mithalten. Meist sind die Dämmstoffe in Flockenform am günstigsten, wobei hier eine Einbringung durch Fachbetriebe notwendig ist. Auch wenn im allgemeinen noch ein Preisunterschied zu konventionellen Fabrikaten besteht,

29 Die Aufbringung von Holzfaserdämmplatten. Vor dem Verkleben der Stöße müssen Holzreste und Holzstaub sorgfältig abgekehrt werden.

30/31 Zellulosedämmflocken werden über einen Luftschlauch von der Verarbeitungsmaschine in den zu dämmenden Hohlraum eingeblasen.
Ein besonderer Vorteil dieses Dämmverfahrens besteht darin, daß alle Hohlräume lückenlos verfüllt werden und keine nachträglichen Setzungen des Materials erfolgen.

sollte man beim Kauf immer die mittel- und langfristigen bauphysikalischen, ökologischen und damit oft auch finanziellen Vorteile der »Alternativ-Baustoffe« mitbedenken.
Ökologische Bau- und Dämmstoffe sind zumeist im ökologischen Baustoffachhandel erhältlich. Eine Übersicht bieten das »Alternative Branchenbuch« und auch die Rubrik »Regio-Markt« in der Zeitschrift »Öko-Haus«.
Einige der ökologisch sinnvollen Produkte sind mittlerweile auch im normalen Baustoffhandel bzw. in bestimmten Baumärkten erhältlich, wobei aber von den auf Öko-Produkten spezialisierten Händlern meist eine fachkundigere Beratung zu erwarten ist.
Beim Aufbau und der Dämmung von Wänden, Böden und Decken existieren ebenso wie bei der Dachhaut eine Vielzahl möglicher Systemvarianten (mit den unterschiedlichsten Baustoffen und Produkten), die etwa von der darunterliegenden Decke (Massivbeton-, Massivziegel- oder Holzbalkendecke), der möglichen Aufbauhöhe, der geforderten Tritt- und Körperschalldämmung, dem vorgesehenen Bodenbelag u. a. m. abhängen.
Nicht vernachlässigt werden darf die *Dämmung der Giebelwände*, um auch hier keine unnötigen Wärmeverluste zu verursachen. Wahlweise kann dies entweder innen oder außen, mit einer zweiten Mauerwerksschale oder – kostengünstiger – mit geeigneten Dämmplatten (z. B. Thermisorel von Isoroy, Pavatherm plus oder Unger Diffutherm von Pavatex zur Außenwanddämmung) erreicht werden.

Auch giebelseitige *Fenster* sind in die Überlegungen betreffend der Wärmedämmung einzubeziehen. Wenn bei bereits teilgenutzten Dachräumen schon alte Holzfenster vorhanden sind, können diese (z. B. mit Flachsfaserbändern und Füllpaste aus Kork und Naturharzen) wärmetechnisch verbessert werden. Neue Holzfenster kann der Schreiner selbstverständlich nach den heutigen wärmetechnischen Anforderungen fertigen. Die Vorteile von Holzfenstern gegenüber Kunststoff- und Aluminiumfenstern liegen neben den gestalterischen und ökologischen Aspekten insbesondere in der Offenporigkeit des Materials und der daraus resultierenden guten Dampfdurchlässigkeit. Auf Acryllacke sollte daher verzichtet werden. Hochgedämmte, natürlich behandelte Holzfenster werden auch in Serienfertigung hergestellt (z. B. von Sicher Wohnen).
Zuletzt sei noch davor gewarnt, Häuser »zu Tode zu dämmen«, d. h. sich ausschließlich am bestmöglichen k-Wert zu orientieren, ohne auf die richtigen, bauphysiologisch für das Haus passenden Produkte und Dämmsysteme Rücksicht zu nehmen. Insbesondere bei alten Häusern ist es wichtig, Dämmung, Wandverkleidungen, Putze, Farben usw. so auszuwählen, daß das Zusammenwirken der natürlichen Materialien nicht gestört und insbesondere der Feuchtigkeitsaustausch nicht erschwert wird. Unter anderem kann eine unsachgemäße Innenwanddämmung den Taupunkt von der Außenwand nach innen wandern lassen und dort Feuchtigkeitsschäden verursachen.

32 Bei dieser Sanierungsplanung mit Dachausbau wurden alle Giebelfenster in Holz erneuert. Insbesondere bei alten Häusern zeigt sich immer wieder, daß die Vorteile von Holzfenstern – etwa hinsichtlich Ästhetik und Diffusionsoffenheit – durchaus mit zeitgemäßer Dämmtechnik in Einklang zu bringen sind (Planung: Architekt Ammann, Augsburg).

33 Massivholzpaneel mit Naturoberfläche (Louis Krages).

34 Eine sorgfältig konstruierte und vom Handwerker ausgeführte Holztreppe, die hier ein Dachgeschoß erschließt (siehe Projekt II).

# Was ist beim Innenausbau zu beachten?

Nach dem Anbringen von Zwischensparrendämmung und Dampfbremse oder nach der Montage und Dämmung von Leichtbauwänden ist zumeist die *Anbringung von Ausbauplatten* erforderlich. Ökologisch empfehlenswerte und dabei günstige Produkte werden von zahlreichen Herstellern angeboten. Hier besteht Wahlmöglichkeit zwischen Platten aus gepreßtem Holzhäcksel (z. B. Pavatherm TW von Pavatex) oder solchen aus Gips (z. B. Fermacell von Fels). Beide Alternativen sind aus ökologischer Sicht als gut zu bewerten. Die Hersteller von Ausbauplatten bieten meist im System dazu passende Spachtelmassen an.
Insbesondere bei mit Lehm ausgefachten Altbauten bieten sich speziell für den Innenausbau entwickelte Lehmbauplatten (von Claytec) an, die aus zwei Lagen Schilfrohr und einer Lehmmasse mit pflanzlichen und mineralischen Zuschlägen bestehen und beidseitig mit einem Jutegewebe kaschiert sind. Die 25 mm starken Elemente werden als Ein-Mann-Platten geliefert (150 x 62,5 cm).
Bei der *Verschalung* von Dachschrägen und Wänden mit Holz gab es bisher kaum ökologische Alternativen zu den konventionellen Paneelen, die mit gesundheitlich nicht immer unbedenklichen Lacken versehen sind. Mittlerweile haben aber Anbieter wie z. B. Louis Krages – hier in Zusammenarbeit mit dem Naturfarbenhersteller Leinos – eine »Öko-Paneele« entwickelt, die auch von der Zeitschrift »Öko-Haus« getestet und als empfehlenswert eingestuft wurde. Eine andere, sehr schöne und ökologische Möglichkeit sind Verschalungen mit unbehandelten oder gewachsten Nut-und-Feder-Brettern.

In Einfamilienhäusern muß der Dachboden durch eine neue *Treppe* erschlossen werden, in Wohnungen ist oft der Einbau von Galerietreppen notwendig. Die Konstruktion hängt von verschiedenen Faktoren ab. Neben gestalterischen Erwägungen sind hier in erster Linie der zur Verfügung stehende Platz, die Geschoßhöhen, die vorgesehene Nutzung der zu erschließenden Bereiche und natürlich die verschiedenen Konstruktions- und Sicherheitsvorschriften von Belang. So muß die lichte Durchgangshöhe mindestens 200 cm betragen. Die vorgeschriebenen Abmessungen einer Treppe hängen etwa davon ab, ob diese die einzige Zugangsmöglichkeit zur darüberliegenden Ebene ist und ob der betreffende Bereich als vollwertiger Wohnraum anzusehen ist. Oft müssen Kompromisse zwischen Ästhetik, Platzersparnis und Nutzbarkeit eingegangen werden. So kommen beim Dachausbau beispielsweise die besonders beliebten, platzsparenden Spindeltreppen nur dann in Frage, wenn keine sperrigen Gegenstände transportiert werden müssen. Besser nutzbar sind gerade oder Podesttreppen.

Am schönsten fügen sich einfache Treppen mit geradliniger Gestaltung ein, die vom Architekten geplant und vom Schreiner oder Schlosser angefertigt wurden.

Mineralische, ökologisch sinnvolle und reine *Putze und Farben* gewährleisten, daß das Gesamtsystem Haus auch im Dachbereich ökologisch intakt bleibt. Die Putze werden dabei meist auf Ausbauplatten, teils auch auf massive Innenwände aufgebracht. Moderne ökologische (Kalk-)Putze eignen sich dabei für alle Untergründe, sind atmungsfähig und entwickeln eine besonders natürliche Oberflächenwirkung. So bestehen etwa ökologische Weichfaserputze aus reinen natürlichen Rohstoffen, z. B. Buchenholzfasern und

35–37 Während Wandanstriche für jedermann leicht durchzuführen sind, stellt das Fliesenlegen schon recht hohe fachliche Anforderungen. An Elektroarbeiten wagen sich im Normalfall nur Versierte.

-mehlen, Zellulosefasern, Pflanzenstärke, Talkum, Kreide- und Sandsteinmehl (Beispiel HAGA).
Reine mineralische *Farben* ohne gesundheitsschädliche Bestandteile (z. B. Formaldehyd) sind bei Innenräumen und auch beim Dachausbau natürlich von besonderer Wichtigkeit, da jeder Schadstoffeintrag die Raumluft insbesondere in einem gut gedämmten Haus unnötig belastet. Näher betrachtet wird das Thema Innenfarbe in den Ausführungen zu Projekt I (siehe Seite 58).

## Wo ist der Heimwerker, wo der Handwerker gefragt?

Diese Frage steht natürlich beim Dachausbau im Zentrum der Überlegungen, da sie letztlich die Höhe der Gesamtkosten nicht unwesentlich mitbestimmt. Denn mit jeder Stunde eigener Arbeitszeit sparen die Bauherren bares Geld. Nicht überall gleich viel, denn manche komplizierte Arbeiten sind teurer als andere; diese können aber wiederum leichter selbst ausgeführt werden. Wichtige Faktoren dafür, wieviel Eigenleistung erbracht werden kann, sind die Kompliziertheit der auszuführenden Arbeiten, das eigene handwerkliche Können und die zur Verfügung stehende Zeit. Es hat keinen Sinn, sich zuviel vorzunehmen und dann weit länger für die Baumaßnahme zu brauchen als ursprünglich vorgesehen. In Zweifelsfällen sollte eine Arbeit lieber dem fachkundigen Handwerksbetrieb überlassen werden, um letztlich weit kostspieligere Baufehler und Reparaturen zu vermeiden.

Für handwerklich durchschnittlich geschickte Personen sind beim Dachausbau vor allen Dingen die Anbringung der Zwischensparrendämmung mit den nötigen weiteren Schichten, das Einziehen, Dämmen und Beplanken von Leichtbau-Zwischenwänden, das Verlegen von Bodenunterbau (vor allem beim Trockenausbau) und Bodenbelägen, das Anbringen von Wand- und Deckenverkleidungen, das Streichen von Wänden und Holzteilen sowie der Einbau von Fertigtreppen leicht zu erlernen und auszuführen.
Andere Gewerke, wie z. B. das Fliesen von Badräumen, erfordern ein gewisses Geschick, können aber mit Vorkenntnissen oder unter Anleitung auch selbst in Angriff genommen werden. Bei bestimmten Arbeiten werden Heimwerker kaum oder nur in Einzelfällen tätig, so etwa bei Zimmermanns-, Dachdecker- und Maurerarbeiten oder der Elektro- und Sanitärinstallation. Teils ist dafür die Schwierigkeit oder Gefährlichkeit der Arbeiten verantwortlich, teils ist die Haftung nur bei Ausführung durch den dafür zugelassenen Handwerker gewährleistet. Jedoch gibt es z. B. die Möglichkeit, daß geschickte Heim-Elektriker unter fachlicher Anleitung einen Teil der Installationsarbeiten an nicht stromführenden Teilen ausführen. Überall dort, wo es auf exakte und dichte Anschlüsse ankommt, so etwa beim Einpassen von Gauben oder Dachflächenfenstern in vorhandene Dachflächen und Verbinden mit der Dachhaut, ist in jedem Fall eine besonders sorgfältige Ausführung erforderlich, die normalerweise dem Fachbetrieb überlassen werden sollte.
Auf den folgenden Seiten sollen einige für Heimwerker ideal durchzuführende Arbeitsgänge Schritt für Schritt im Beispiel nachvollzogen werden. Weitere wichtige Arbeitsgänge werden im Zusammenhang mit den Projekten ausführlich gezeigt.

# Anbringen der Ausbauplatten

38–40 Hier werden ökologische Ausbauplatten verwendet, die auf Basis von recycelten Papierfasern und Gips unter Zugabe von Wasser hergestellt sind (Fermacell).

38 Falls nötig, wird die Platte auf das passende Format gebracht. Dies erfolgt durch Ritzen mit dem Platten-Reißer oder mit einem Klingenmesser. Anschließend kann die Platte am Arbeitstisch oder Plattenstapel gebrochen werden.

38

39

39 Die Ausbauplatten können etwa durch Nageln, Schrauben oder einfaches Klammern auf einer Holz-Unterkonstruktion befestigt werden.

40 Die Stoßfugen der Platten lassen sich ohne Bewehrungsstreifen einfach und schnell verspachteln.

41 Konstruktionsbeispiel für eine Trennwand mit Holzunterkonstruktion: Aus 6 x 6 cm-Kanthölzern wird die Unterkonstruktion gebaut. Die oberen und unteren Anschlußhölzer werden eingepaßt und im Mauerwerk verschraubt.

42/43 Anschließend werden die hier 1,5 x 1 m großen Ein-Mann-Platten mit 5–7 mm Fugenabstand auf der Unterkonstruktion befestigt. Dies kann mittels Schnellbauschrauben (ohne Vorbohren), Hohlkopfnägeln oder Klammernägeln erfolgen.

## Neue Räume durch leichte Trennwände

Die vorgesehenen Nutzungen erfordern – abgesehen von den Fällen, in denen ein großes Dachstudio entstehen soll – mehrere neue Dachräume. Am kostengünstigsten werden diese durch sogenannte *Leichtbau-Trennwände* geschaffen, deren Ständerwerk im allgemeinen entweder aus Holz oder aus Aluminium gefertigt ist und das den vorzusehenden Montagehalterungen für Armaturen, Installationsleitungen usw. angepaßt werden kann. Holz sollte aufgrund der ökologischen Problematik der Aluminiumproduktion (insbesondere dem hohen Energieaufwand bei der Materialherstellung) nach Möglichkeit bevorzugt werden. Die Zwischenräume werden meist mit Dämmatten versehen, deren Auswahl insbesondere im Hinblick auf bestmöglichen Schallschutz erfolgen sollte. Hierzu

44–52 Herstellung, Dämmung und Beplankung von Aluminiumtrennwänden:

44 Die Abstände der Metallständer müssen genau abgemessen werden. Dies ist insbesondere für die Montage von Vorwandinstallationen und Haustechnik wichtig.

45 Vor der Montage beklebt man die Ständer mit einem schalldämmenden Vlies.

46 Nun können die Ständer an der Sockelleiste befestigt werden.

bieten sich besonders ökologisch empfehlenswerte Matten aus Kokosfaser (z. B. von Faist), Baumwolle (Isocotton) oder auch Dämmplatten von Homatherm oder Pavatex an. Die gedämmten Ständerwände können dann auf beiden Seiten mit verschiedenen Ausbauplatten beplankt werden.

Eine andere Möglichkeit bietet sich mit dem neuen, bauphysiologisch empfehlenswerten Wandsystem Karphos (Bio Pack). Die 58 mm starken Wandelemente (Normzuschnitt 120 x 250 cm) bestehen aus hochverdichtetem, stranggepreßtem Stroh ohne Bindemittel und sind allseitig mit einem grobmaschigen Gewebe und Vollpappe kaschiert. Dieses Wandsystem, das auf Sockelleisten aus Holz oder Aluminium montiert wird, verbindet die Funktionen von Ständerkonstruktion und Dämmung. Es kann mit aussteifender Beplankung oder mit einem Gipsverputz versehen werden. Die Bohrungen für die Leitungsführung sind bei diesem System allerdings vorgegeben. Bei der Verwendung in Naßräumen ist gegebenenfalls eine zusätzliche Behandlung ratsam.

47 Die Ständerwand vor der Beplankung und Dämmung.

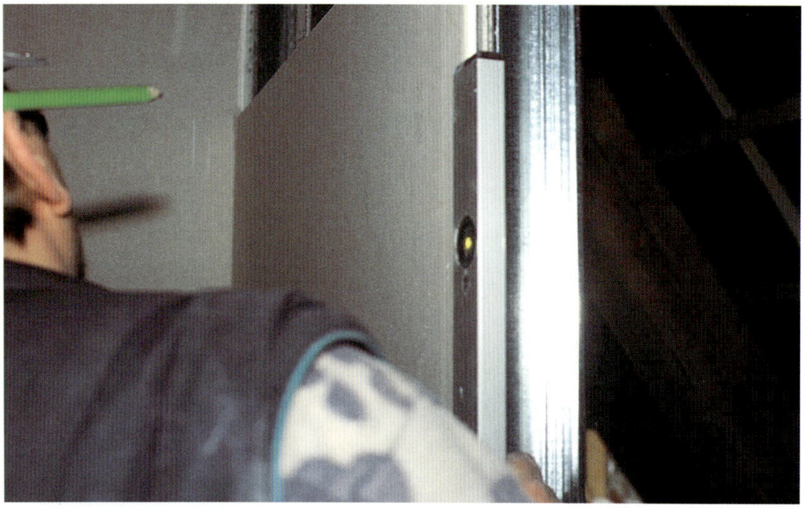

48 Bevor die Ausbauplatten zunächst auf der ersten Seite der Ständerwand verschraubt werden, muß die Einhaltung der Lotrechten mit der Wasserwaage überprüft werden.

49/50 Die Befestigungs schrauben werden in das Gewinde eingesetzt und die Platten angebohrt.

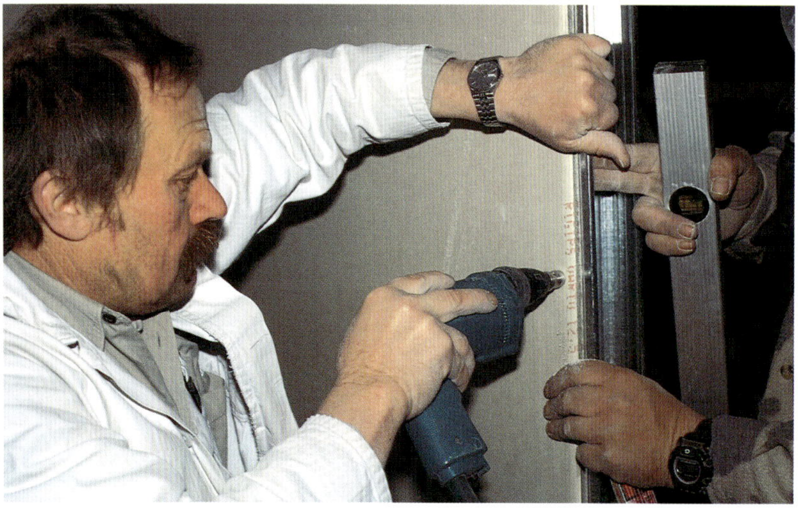

51/52 Den Dämmstoff mit dem Spezialmesser zuschneiden, um alle Ständerzwischenräume verfüllen zu können. Es sollte darauf geachtet werden, daß die Breite der Dämmstoffmatte etwa 1 cm über der der Ständerabstände liegt, um eine optimale Dämmwirkung zu erzielen. Jetzt kann auch die andere Seite der Ständerwand beplankt werden.

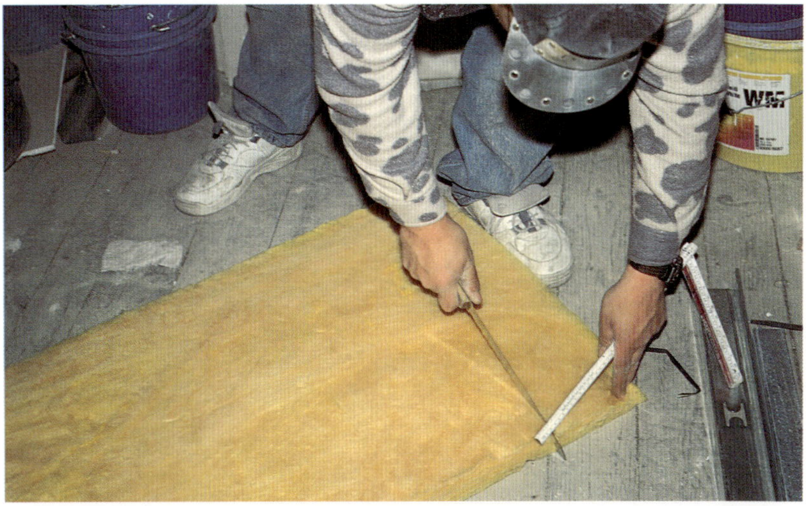

53 Eine Alternative zum herkömmlichen Ständersystem, die sich insbesondere für alte, in Lehm-Stroh-Technik erbaute Häuser anbietet: Die Trennwand aus stranggepreßtem Stroh (Karphos® Die Wand).

# Verlegung von Trockenestrichen, Bodenunterlagen und Bodenbelägen

Insbesondere, wenn viel Eigenleistung investiert werden soll, bietet sich als Bodenunterbau die Verwendung von *Trockenestrichen* an. Die hierfür im Handel befindlichen Platten können ohne Schwierigkeiten selbst verlegt werden. Sie haben auch den Vorteil, daß im Gegensatz zum Naßestrich keine Wartezeiten und Arbeitsunterbrechungen nötig werden. Im folgenden wird die Trockenestrichverlegung Schritt für Schritt in ihrem praktischen Ablauf gezeigt (siehe Seite 50).
*Unterbodenplatten* sind meist notwendig, um Unebenheiten auszugleichen und für eine ausreichende Wärme- bzw. Trittschalldämmung zu sorgen. Ökologische Produkte wirken sich zudem positiv auf das Raumklima aus, sind diffusionsoffen und recycelbar bzw. kompostierbar. Viele Fabrikate (z. B. die Unterbodenplatte Stepisorel von Isoroy aus unbehandelten Nadelholzresten, siehe Abb. 54 und 55) verbinden die Funktion der Dämmung mit der des Niveauausgleichs (bis 2 mm).
Die Wahl des *Bodenbelags* ergibt sich in erster Linie aus den Nutzungsanforderungen bzw. der Beanspruchung und dem persönlichen Geschmack. Wenn nach ästhetischen Gesichtspunkten ausgewählt wird, fällt die Wahl zunehmend auf Holzböden, die sowohl ein angenehmes Wohngefühl als auch ein gutes Raumklima schaffen. Probleme, gerade mit den relativ empfindlichen Parkettböden, sind allerdings zu erwarten, wenn starke mechanische Beanspruchungen auftreten (z. B. in Kinderzimmern). Beim Einbau einer Fußbodenheizung besteht die Gefahr, daß das Holz sich verzieht. In jedem Fall sollte man für Bodenbeläge harte, widerstandsfähige Hölzer wie Buche, Robinie usw. bevorzugen. Bei mehrschichtverleimtem Parkett, das sich

54 Die ökologische Holzfaserdämmplatte (Stepisorel) wird auf dem Fußboden verklebt. Schwimmende Verlegung ist möglich, wenn die Platten mit einem Klebeband verbunden werden. Die Plattenstöße müssen einen Abstand von 1 mm untereinander und 3–5 mm zur Wand aufweisen. Sie sollten auf einer festen Unterlage mit dem Messer geschnitten werden.

55 Vor dem Verlegen eines Teppichbodens muß die Plattenoberfläche sorgfältig gereinigt werden.

56–59 Verlegung von Estrich-Elementen:

56 Im ersten Schritt Verlegung eines Randdämmstreifens, der die Schallübertragung verhindert.

57 Durch die Ausgleichsschüttung werden Unebenheiten von bis zu 6 cm ausgeglichen. Die etwa 18 kg schweren Elemente im Format 1,50 x 0,50 m bestehen aus zwei miteinander verbundenen, 10 mm starken Gipsfaserplatten und der Dämmstoffschicht.

58 Da die Platten der Elemente gegeneinander stoßversetzt sind, entsteht ein umlaufender Stufenfalz, der das Verlegen einfach macht. Die Estrichelemente müssen immer mit der Längsseite quer zur Türe verlegt werden (hinten links beginnen).

59 Die Platten werden im Falzbereich mit Klammern oder Schnellbauschrauben fixiert, um den erforderlichen Preßdruck zu erreichen. Die Estrichelemente sind nach dem Verlegen sofort begehbar und für den endgültigen Bodenbelag vorbereitet.

60–68 Verlegung eines Massivholzdielenbodens mit dem Bügelsystem (Junckers):

60 Der Boden wird auf einer Zwischenlage direkt auf Estrich verlegt, die zugleich als Trittschalldämmung wirkt. An den Wänden sind durch das Einstecken von Holzkeilen Dehnungsfugen zu schaffen. Je nach Stärke der Dielen müssen jeweils unterschiedliche Abstände eingehalten werden, die den technischen Informationen des Herstellers zu entnehmen sind.

61 Bei der erstverlegten Diele soll der Bügelabstand 40 cm betragen, in den folgenden Reihen werden die Bügel mit einem Abstand von 70 cm montiert. Der erste Bügel sollte nicht mehr als 8 cm von der Wand entfernt sein. Damit sich die Bügel nicht gegenseitig im Weg sind, sollten sie mit einem Versatz von etwa 3 cm befestigt werden.

62 Alle Dielenstöße werden verleimt. Auf keinen Fall an den Längsstößen der Dielen verleimen. Als Abschluß wird ein Fugenband zwischen Dielenstoß und Wand eingelegt.

63 Der freie Schenkel des letztmontierten Bügels fügt sich in die unterseitige Nut der neuen Diele ein, wenn man vorsichtig mit einem Schlagholz auf die Diele klopft. Treten Sie beim Zusammentreiben der Diele leicht darauf.

64 Bohrungen für Heizungsrohre u. a. sollen doppelt so groß wie der Rohrdurchmesser sein. Dann keilförmig einschneiden, wie im Bild gezeigt.

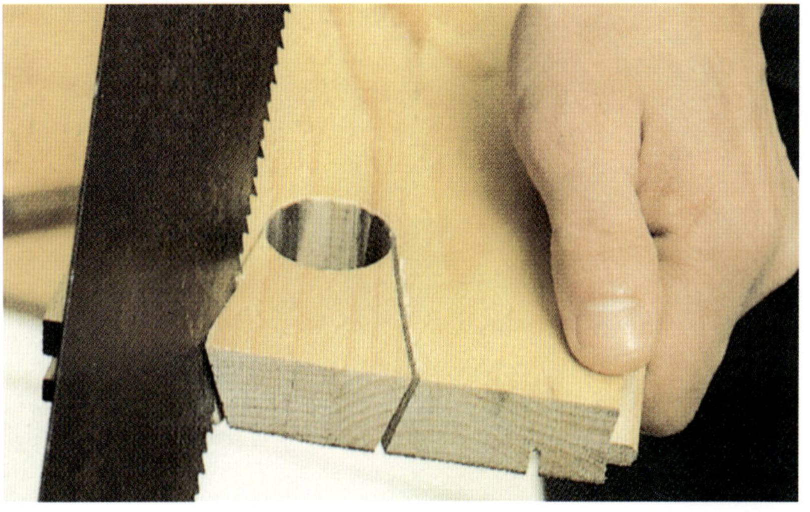

65 Die Diele wird verlegt, das ausgeschnittene Stück wieder eingeleimt. Überschüssigen Leim mit einem feuchten Lappen wegwischen.

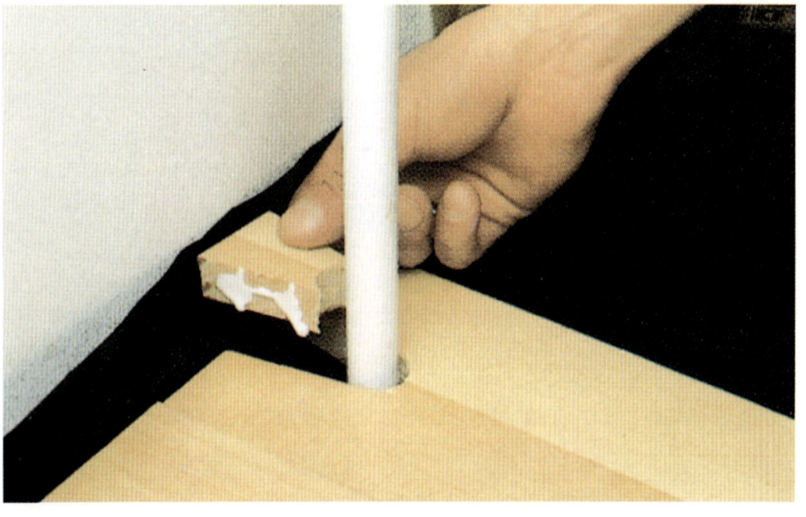

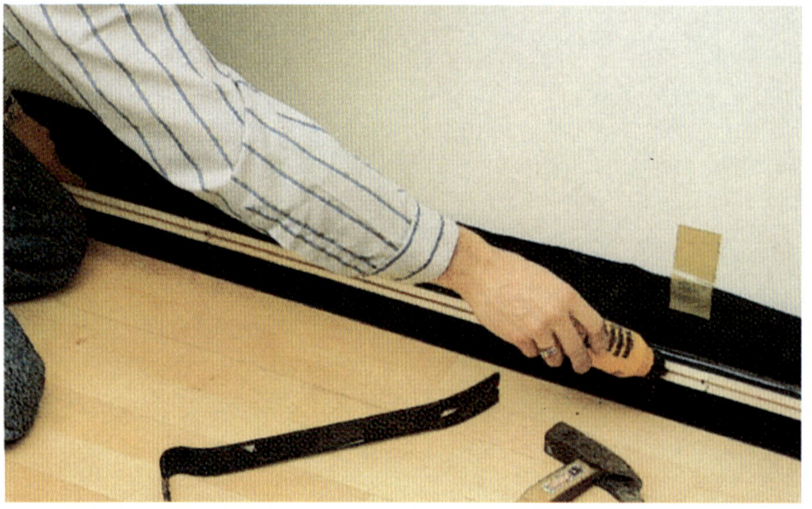

66 Die letzte Diele wird unter Berücksichtigung der Dehnfuge abgeschnitten, verlegt und mit der vorletzten Diele verleimt. Aber wirklich nur die letzte Diele in Nut und Feder der Längsseiten verleimen.

67 Die Diele läßt sich mit einem sogenannten Geißfuß zurechtrücken. Vorsichtig auf die Dielen klopfen, damit sie sich gegenseitig anpassen. Bei Gebrauch des Geißfußes muß die Wand geschützt werden.

68 Zuletzt werden die Fußleisten durch Nageln oder (noch besser) Schrauben an der Wand (nie auf dem Boden!) befestigt. Durch Belasten der Fußleiste mit dem eigenen Körpergewicht paßt sich die Fußleiste der Bodenoberfläche am besten an.

durch die drei senkrecht zueinander verleimten Schichten teils weniger in sich verzieht als massive Hölzer, ist auf eine ausreichende Stärke der Nutzschicht zu achten (4 mm oder mehr), damit der Boden mehrmals nachgeschliffen werden kann. Ökologisch empfehlenswert sind unbehandelte oder mit biologischen Wachsen und Ölen behandelte, unversiegelte Hölzer (etwa von den Herstellern Espen oder Junckers, Modell Bio-Line). Die Massivholzdielen werden hier mit Metallbügeln verlegt. Das ermöglicht für den Heimwerker die schwimmende Verlegung und gewährleistet, daß der Boden gegebenenfalls wieder entfernen werden kann. Dies kann unter Umständen durchaus eine Menge Geld sparen!

Eine andere, ökologisch sinnvolle Wahl besteht in den überwiegend aus pflanzlichen Rohstoffen (Leinöl, Jute, Naturharze, Holzmehl, Kalkstein, Kork) hergestellten Linoleumböden, die heute zudem in einer umfangreichen Farbpalette angeboten werden (z. B. von DLW).

69 Linoleumbeläge bieten vielfältige Gestaltungsmöglichkeiten. Hier ein Linoleum-Fries (Hersteller DLW).

# Einzelprojekte in ihrem Ablauf

# I. Eine Dachwohnung im 50er-Jahre-Haus

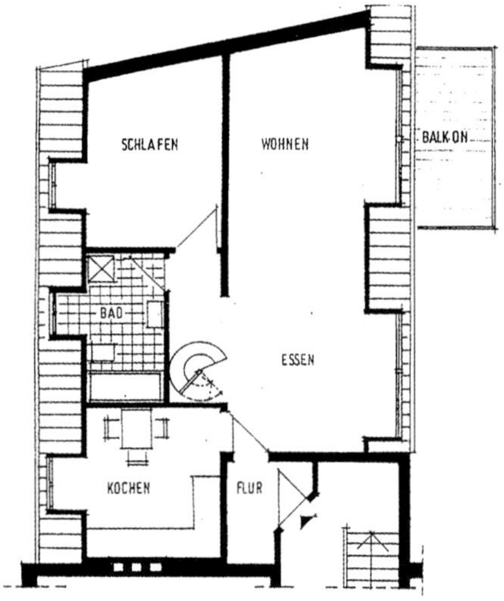


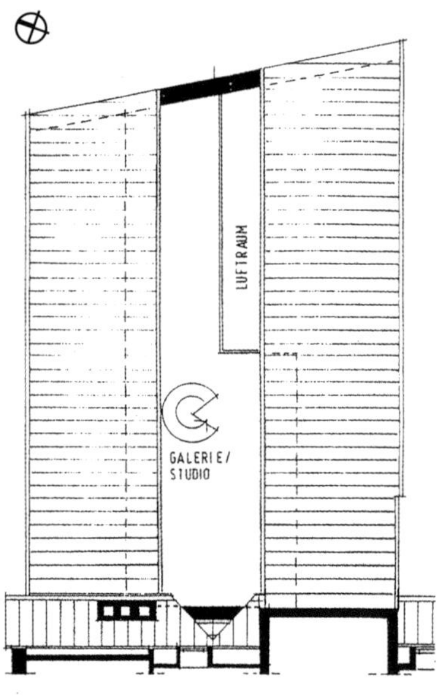


70 Grundriß von Dachgeschoß und Galerieebene (M 1:200) (Architekt: Eberhard Wunderle).

71 Hofansicht des renovierten Anwesens.

Bei diesem Beispiel eines Dachgeschoßausbaus handelt es sich um ein Mehrparteienhaus von 1954, für das 1997 im Zuge der Generalrenovierung auch der Dachausbau vorgenommen wurde. Das Raumerlebnis verbesserte sich durch die Renovierungsmaßnahmen erheblich. Ausschlaggebend dafür ist nicht zuletzt das durchdachte Konzept des Architekturbüros Wunderle, Augsburg. Die Wohnung umfaßt eine nutzbare Fläche von etwa 72 m² ohne und 82 m² mit Galerie. Die nun sehr gute Belichtung und die weiße Farbgebung der Wände, der freigelegten Deckenbalken und der Stahlspindeltreppe schaffen eine freundliche Atmosphäre. Hinsichtlich der verwendeten Materialien und Baustoffe war dieser Dachausbau zwar eher konventionell, muß aber bezüglich der Qualität von Planung, Gestaltung und Ausführung als hochwertig bezeichnet werden. Entsprechend konnte die Wohnung direkt nach Fertigstellung an eine dreiköpfige Familie vermietet werden. Aufgrund der Wohnungsgröße und der verwendeten Techniken (z. B. Zwischensparrendämmung) ist dieses Projekt in seinem technischen und handwerklichen Ablauf sehr gut übertragbar – natürlich auch auf einen Dachausbau im Einfamilienhaus.

72/73 Zustand der Dachräume zu Beginn und am Ende der Arbeiten.

## Fenster und Balkone, Maurer- und Spenglerarbeiten

Der Ausbau begann mit dem Einbau neuer Fenster in die bestehenden Wandöffnungen. Die vorhandene große Gaube erhielt Fenstertüren, um die Belichtung zu verbessern. Die alten Brüstungen wurden heruntergenommen und ein neuer Stahlbalkon angebaut. Die sich über vier Stockwerke spannende, freitragende Konstruktion der Balkone verleiht dem eher nüchternen Bau eine besondere architektonische Note. Im oberen Dachbereich sorgen mehrere relativ kleine, gestalterisch gut eingepaßte Dachflächenfenster für eine sehr gute Belichtung der Galerie, zusätzlich aber auch der unteren Räume. Gegen die Trennwand zum Nachbaranwesen setzte man eine vorgeblendete zweite Schale aus Gasbetonsteinen mit einer etwa 3 cm starken Dämmschicht. Für die Spenglerarbeiten (Verblechung der Gauben und Wandanschlüsse, Montage der Regenrohre) wurden Materialien aus Kupfer eingesetzt.

74 Das in klaren Linien und Formen gestaltete Brüstungsgitter des Stahlbalkons nach der Montage.

75 Die Winddichtungsbahnen werden waagerecht ausgerollt und so eng wie möglich um die Sparren gelegt.

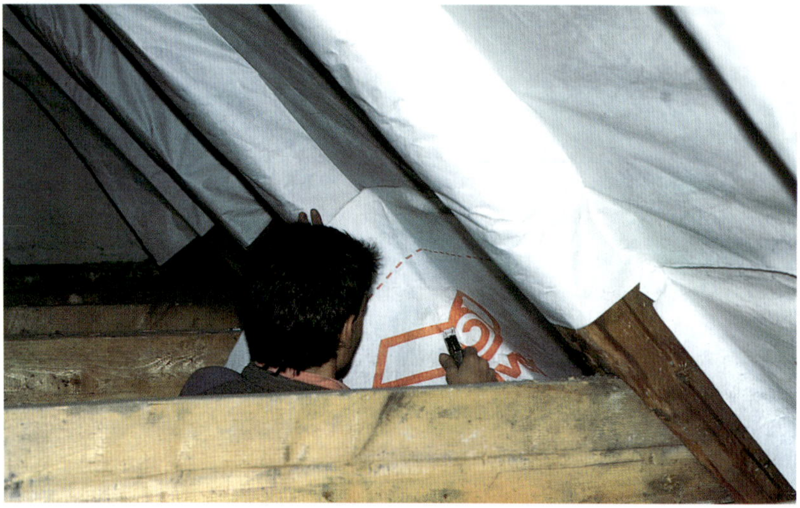

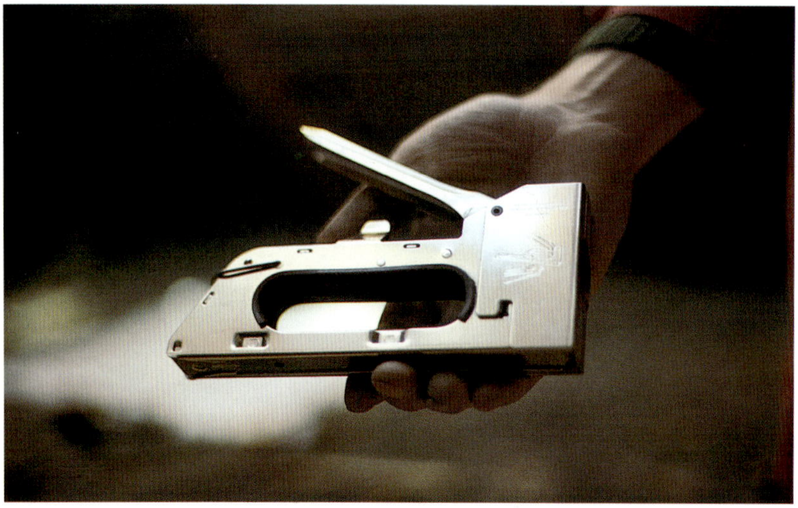

76/77 Mit dem Heftgerät wird die Winddichtung in Abständen von jeweils etwa 15 cm an den Sparren befestigt.

## Dachhaut, Dämmung und Innenausbau

Da die vorhandene Ziegeldachdeckung, die wohl noch aus dem Erbauungsjahr stammte, in einwandfreiem Zustand war und sich damit gleichzeitig zusätzliche Kosten vermeiden ließen, entschied man sich für eine Zwischensparrendämmung.
Direkt unterhalb der Dachziegel brachte man als Unterspannbahn und Winddichtung eine Folie an (Fabrikat Tyvek), unterhalb derer die Sparrenzwischenräume völlig mit Dämmmatten ausgefüllt wurden. Als Dämmaterial hätten anstelle des eingesetzten Mineralfaserprodukts selbstverständlich auch Matten aus Baumwolle (Isocotton), Schafwolle (z. B. Herawool) oder andere natürliche Produkte verwendet werden können.
Eine auf die Dämmschicht folgende Dampfbremsfolie verhindert die Durchfeuchtung der Dämmung. Als tragfähige Unterkonstruktion für die Innenausbauplatten wurde auf die bespannten Sparren nun noch eine waagerechte Lattung montiert. Die Ein-Mann-Platten (100 x 160 cm) aus Gips (Rigips) wurden mittels Spezialschrauben (Yama) direkt auf diese Trägerlattung geschraubt. Im Anschluß waren die Plattenstöße, die Schraubenvertiefungen und die gesamten Oberflächen in zwei Schichten mit Grundier- und Finish-Spachtel zu versehen. Kanten ummantelte man zusätzlich mit Leichtmetallschienen bzw. Gitterbindern. Alle massiven Bauteile wurden verputzt.

Wo die Holzbalkendecken nicht geöffnet wurden, beplankte man sie an der Unterseite großenteils mit Gipskartonplatten. Zwischen den Balken wurden Dämmatten eingelegt. Als Bodenunterlage kamen Spanplatten zum Einsatz.
Die vorhandene Massivdecke im Dachgeschoß mußte mit einem relativ dünnen Aufbau versehen werden, um das höchstmögliche Niveau nicht zu überschreiten.
Da flüssiger Zementestrich jedoch erst nach etwa vier Wochen ausreichend trocken ist und hierdurch zudem viel Feuchtigkeit in das Gebäude eingebracht wird, entschied man sich für Gußasphalt. Zum Schutz gegen Erhitzung mußten die abgedämmten Heizungsrohre mit einer Hitzeschutzmatte aus Polyester überdeckt werden. Eine Perlite-Trockenschüttung diente zum Ausgleich von Unebenheiten. Zur Herstellung der Wärme-, Tritt- und Körperschalldämmung folgten hierauf eine 13 mm starke Dämmplatte (Fesco), Mineralfasermatten (Heralan o. ä.) sowie eine hitzeresistente Filzpappe. Der Gußasphalt wurde aufgegossen und niveaugerecht (3 – 4 cm Höhe) verteilt. Nach wenigen Stunden war das Material soweit ausgehärtet, daß es wieder begangen werden konnte. Anzumerken bleibt hierbei, daß das Auslegen der Dämmatten und Vliese, nicht aber das Einbringen des Gußasphalts in Eigenleistung erledigt werden kann. In ökologischer Hinsicht ist das Material nur eingeschränkt zu empfehlen.

78–80 Die Dämmstoffmatten werden zugeschnitten und alle Sparrenzwischenräume sorgfältig ausgefüllt. Die weiße Winddichtungsbahn ist an den Unterseiten der Sparren noch zu erkennen.

81 Die Bahnen der Dampfbremsfolie waagerecht auf den Sparren befestigen. Im Bereich der Stöße sollte etwa 5 cm vom Rand entfernt geklammert werden, ansonsten in Abständen von mindestens ca. 15 cm. Mit dem zum System gehörenden Dichtungsband werden die um ca. 20 cm überlappenden Stöße der Folie sorgfältig verklebt, damit die Luftdichtheit gewährleistet ist.

82 Um die Ausbauplatten befestigen zu können, wird hier senkrecht zu den Sparren eine Trägerlattung montiert. Mittels spezieller Doppelgewindeschrauben (Yama) richtet man dabei die einzelne Latte nach den hierfür gespannten Schnüren aus, wobei sich der Schraubenkopf zusammen mit der Latte je nach Bedarf nach innen oder außen bewegen kann. Damit sind die Voraussetzungen für eine völlig plane Verlegung der Ausbauplatten geschaffen.

83 Die Ausbauplatten (in diesem Fall Rigips) wurden mit einem speziell auf die Platte ausgerichteten Schrauber (Fresto) auf die Lattung montiert, die Stöße und Schraubenvertiefungen wurden verspachtelt (Blick in die Galerieebene ).

84/85 Auf die Ausbauplatten werden mit der Kelle in halbkreisförmigen Bewegungen Grundier- und Finish-Spachtel aufgebracht.

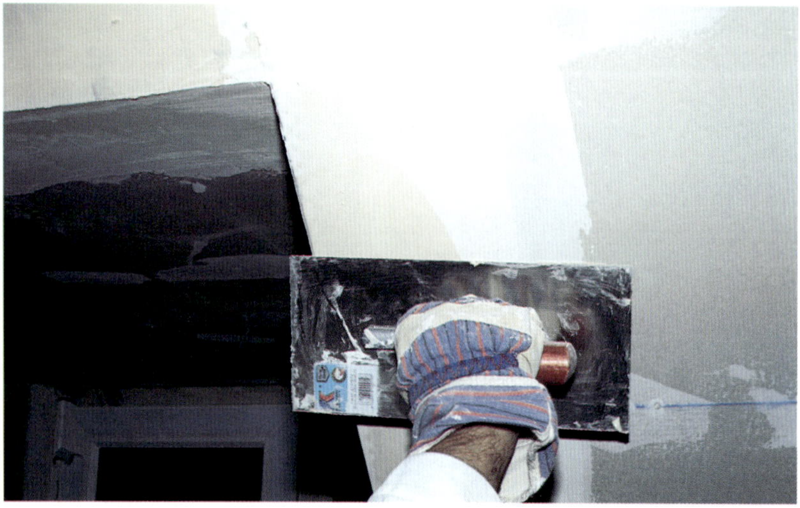

86 Im Gaubenbereich ist der Metallbinder noch zu erkennen, der für glatte Kanten an den Plattenstößen sorgt.

87/88 Beschädigte Mauerteile wie hier nach dem Einsetzen der Fensterbänke können leicht mit Trockenzement o. ä. ausgekellt werden.

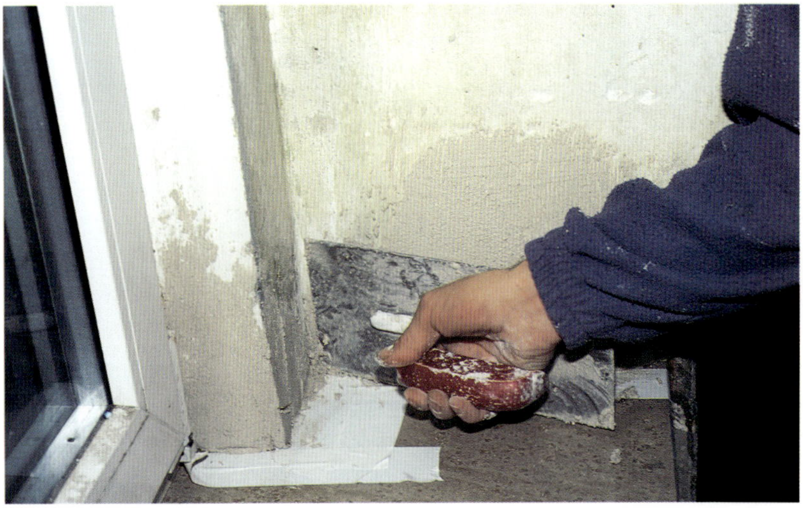

89 Die massiven Wände und die Decken im Flur wurden mit Kalk-Gips-Putz verputzt. Im Bad verwendete man zur Vermeidung von Wandfeuchte einen Kalk-Zement-Putz.

90–93 Ausgleichsschüttung, Faserdämmatten, Dämmplatten und hitzeresistente Filzpappe werden verlegt. Anschließend wird der Gußasphalt verteilt. Zuletzt wurde Quarzsand aufgebracht, um den Gußasphalt griffiger und härter zu machen und für die Aufbringung des Fließspachtels vorzubereiten.

FOL SPF

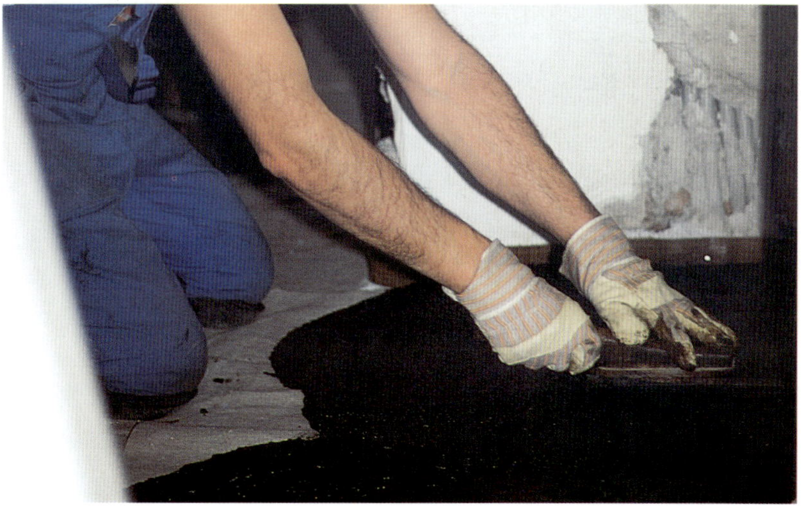

## Verlegen der Badfliesen

Zunächst kam es darauf an, geeignete Fliesen auszuwählen. »Zweite Wahl« ist bei Fliesen meist nicht schlechter als die bessere Sortierung, dafür aber erheblich billiger. Ebenso gilt, daß einfache weiße Fliesen oft günstiger angeboten werden als ornamental verzierte oder spezialglasierte Exemplare. In diesem Fall entschied man sich für reinweiße Fliesen von Villeroy & Boch, die um eine Vierseitbordüre aus grün-schwarz marmorierten Exemplaren ergänzt wurden.

Das Fliesenlegen in einem Raum mit Dachschrägen stellt oft größere Probleme als in anderen Räumen. Die Fliesen müssen im Übergang von der Senkrechten zur Schräge sorgfältig ausgemessen und zugeschnitten werden. Zudem erleichtert genaues Arbeiten bei den vorangehenden Schritten das Fliesenlegen erheblich. Je exakter die Anbringung der Ausbauplatten und die Putzarbeiten durchgeführt wurden, desto einfacher fällt das Fliesen, desto geringer wird der Aufwand beim Abmessen und beim Beschnitt.

94 Die Fliese wird entsprechend den benötigten Abmessungen geschnitten. Mit der Zange wird die Fliese anschließend am Rand gebrochen.

95 Der Fliesenklebermörtel wird mit der Kelle auf die Fliese gegeben.

96 Nun kann die Fliese eingepaßt und angedrückt werden.

97 Mit kleinen Holzkeilen die Fliesen in ihrer Position fixieren. Überschüssiger Mörtel sollte möglichst unverzüglich mit einem feuchten Schwamm entfernt werden.

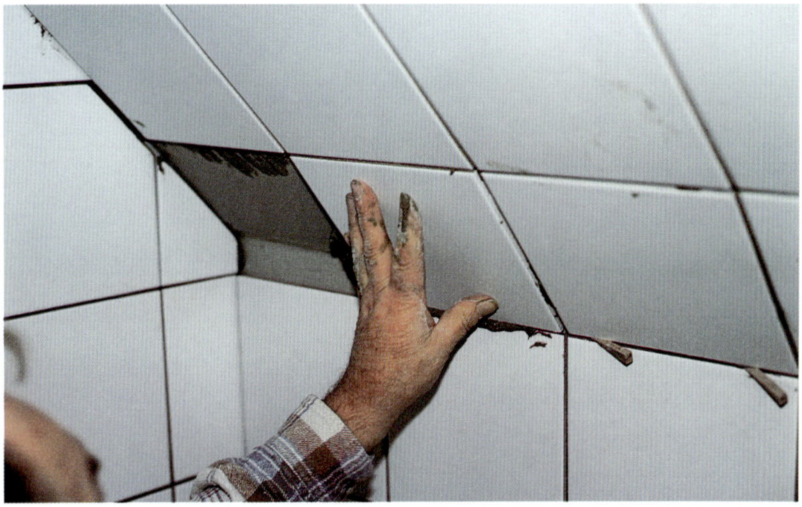

98 Nach Abschluß der Verlegung: Edles Weiß mit geschmackvollem schwarz-grünem Fliesenband.

99 Im Galeriebereich: Die Verbindungsstücke der Heizungsrohre werden am Flansch durch Pressen abgedichtet.

## Installation der Haustechnik

Anstelle der vorhandenen Gasheizung stellte man im Zuge der Renovierung auf städtische Fernwärmeversorgung um. Ausschlaggebend hierfür war insbesondere die geringere Reparaturanfälligkeit des Wärmeleitungssystems. Die Beheizung der Dachwohnung erfolgt über Radiatoren, die sowohl auf der unteren Ebene als auch auf der darüberliegenden Galerie direkt unterhalb der Dachschrägen aufgestellt wurden. Die kompakten Radiatoren im Bereich der Galerie erreichen eine – völlig ausreichende – Höhe von nur etwa 20 cm. Im Bereich der Galerie verlegte man die Heizrohre, die gegen Wärmeverlust gut gedämmt wurden, und die Elektroleitungen in den Abstellbrettern aus Gipskarton.

## Deckenbalken und Anstriche

Die großenteils zu Beginn des Ausbaus freigelegten Deckenbalken beließ man unverschalt, vorhandene Absplitterungen und Unebenheiten glich man mit einer Spezialpaste aus. Schließlich wurden die Balken mit reinweißer mineralischer Innenfarbe des Fabrikats Keim (Biosil) gestrichen (Grundanstrich und Schlußanstrich). Auch die verputzten Wand- und Deckenbereiche sowie die verspachtelten Ausbauplatten erhielten einen reinweißen Mineralfarbanstrich des gleichen Herstellers. Zum Streichen von verspachtelten Stellen, der Ausbauplatten aus Gipskarton und allgemein zur Egalisierung unterschiedlicher Saugfähigkeiten und Strukturen empfiehlt sich immer die Aufbringung einer Grundierschicht.
Hauptvorteile einer solchen recht günstigen sowie gut deckenden Innenfarbe auf Silikatbasis liegen zum einen in der ökologischen Zusammensetzung und einer genauen Schadstoffprüfung. Zum anderen ist diese Farbe diffusionsoffen und erfüllt damit eine der zentralen bauphysikalischen Grundforderungen, nach der das Haus und damit natürlich auch die Wände und Anstriche den Feuchtigkeitsaustausch gewährleisten müssen. Dies ist, wie oben bereits angesprochen, sehr wichtig für eine dampfdiffusionsoffene Konstruktion bei Dachdämmung und Dachausbau. Ferner lassen sich damit Farbablösungen, Putz- und Mauerwerksschäden verhindern, die häufig durch feuchtigkeitsundurchlässige Kunststoffputze und -farben verursacht werden.

100 Größere Fehlstellen an den Holzbalken werden durch das Einpassen neuer Hölzer behoben. Kleinere Unebenheiten wie hier lassen sich mit Spachtelmasse ausgleichen.

101 In zwei Lagen, Grundierung und Endanstrich, wird die Mineralfarbe mit der Rolle auf die Balken aufgebracht.

102 Ecken und Winkel erreicht man am besten mit einem kleinen Pinsel.

103 Eine Türzarge wird abgehobelt.

104 Die Zargen werden angebracht und nachgearbeitet.

## Einbau der Türen

Im vorliegenden Fall wurden die Zargen und Türblätter vom Schreiner eingebaut. Der Einbau insbesondere von Fertigtüren und -zargen ebenso wie die Montage der Schlösser, Beschläge und Türdrücker kann aber auch in Eigenleistung durchgeführt werden.

105 Nach dem Einhängen der weiß gestrichenen Türen werden mit einer Schablone die Öffnungen für Schloß und Türdrücker ausgebohrt.

106 Die Beschläge werden eingedrückt.

107 Edelstahltürdrücker und Beschläge sind fertig montiert.

## Einbau der Treppe

Der Treppenausschnitt sollte relativ klein dimensioniert werden, um auf der Galerie so viel begehbare Fläche wie möglich zu erhalten. Dies machte hier eine Spindeltreppe mit sehr kleinem Radius erforderlich, die aber den Anforderungen genügt, da keine großen und sperrigen Gegenstände nach oben transportiert werden müssen.
Die montagefertig angelieferte weiße Stahlspindeltreppe (Preis etwa DM 5000,– ohne Einbau) kann von zwei handwerklich geschickten Personen, die keine speziellen Vorkenntnisse mitbringen müssen, ohne Schwierigkeiten im Verlauf eines halben Tages montiert werden. Durch entsprechende Anschlüsse kann die Treppe über die Spindel außerdem direkt mit einem Galeriegeländer verbunden werden.

108 Die Stahlspindeltreppe nach Absschluß der Montage.

109 Vor Beginn der Montage muß der Abstand der Treppenspindel von der Wand genau ausgemessen werden.

110 Die Löcher für die Befestigungsschrauben werden gebohrt.

111 Die Spindel wird über die Bohrungen gesetzt.

112 Mit der Wasserwaage muß die Einhaltung der Lotrechten überprüft werden.

113 Die mitgelieferten Schrauben werden eingeschraubt.

114/115 Die Treppenstufen werden über die Spindel geschoben und in den vorgesehenen Abständen ausgerichtet.

116 Nach dem Aufsetzen der letzten Stufe muß die Konstruktion durch Anziehen einer Spannmutter fixiert werden.

117 Vor der endgültigen Befestigung des oberen Abtrittpodests ist zu prüfen, ob sich ein niveaugleicher Anschluß an die Galerie herstellen läßt. Dabei muß die Höhe des später zu verlegenden Bodens einberechnet werden. Mit dem Elektrohobel kann ggf. etwas Niveau weggenommen werden.

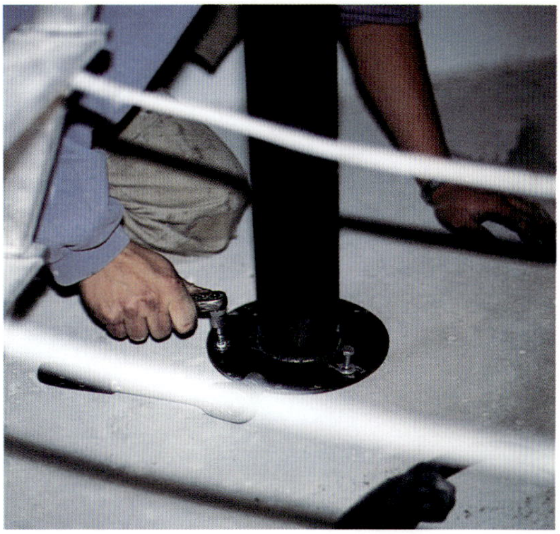
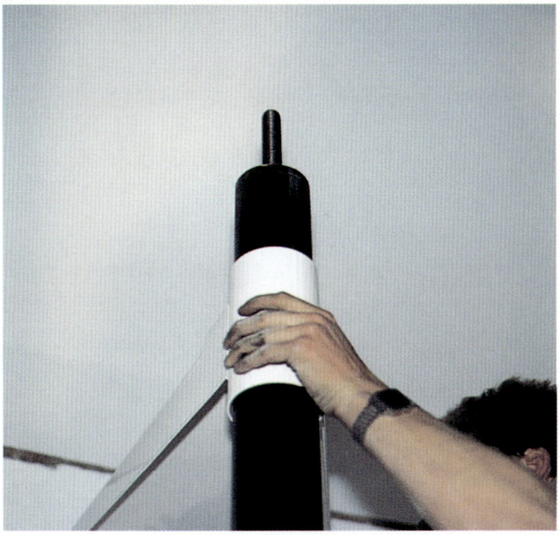

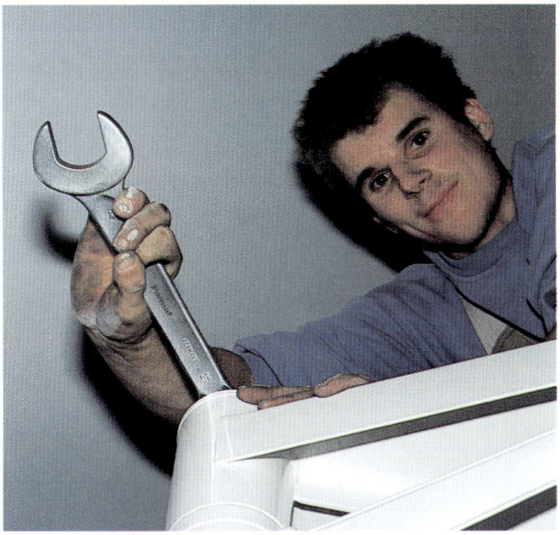

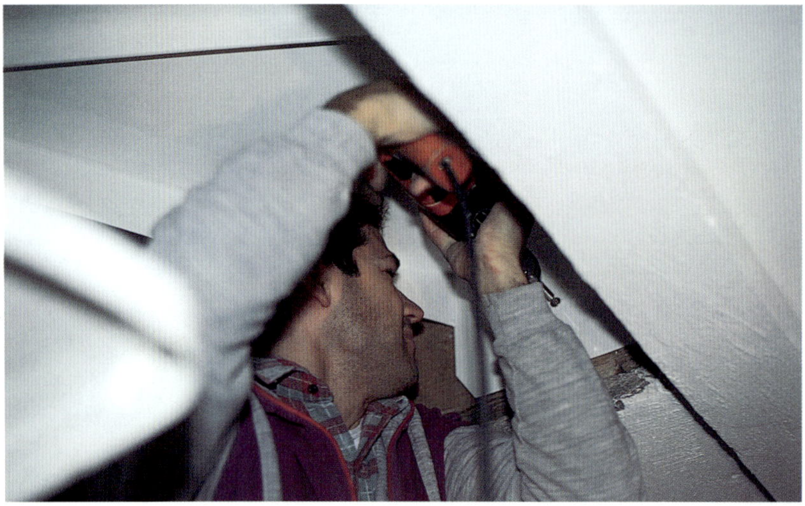

118 Dann wird das Podest auf der Unterseite in der Decke verschraubt.

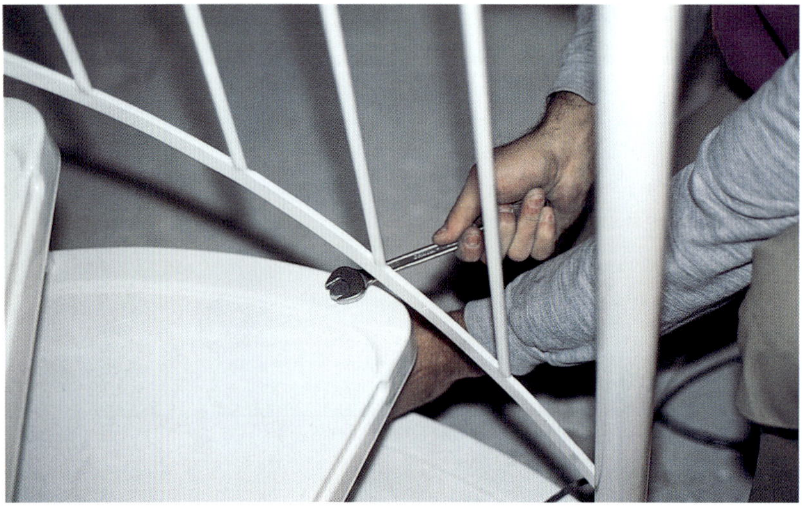

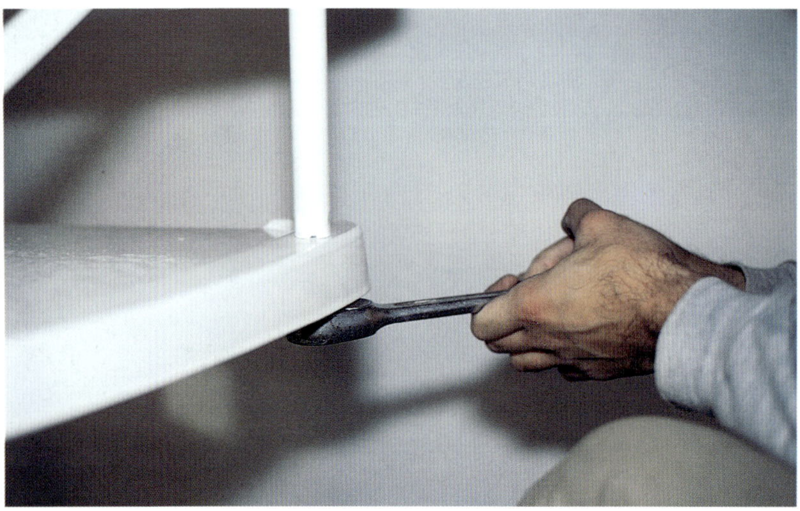

119/120 Zur Fixierung und Versteifung der Treppe werden die Trittstufen mit Abstandshaltern verbunden, die jeweils auf der Ober- und Unterseite mit Gewindeschrauben zu befestigen sind. Oberseitig werden die Geländerstaketen eingesetzt und verschraubt.

## Verlegung des Teppichbodens

Als Bodenbelag entschied sich der Bauherr für einen dunkelgrauen Teppichboden guter Qualität, der mit dem Weiß der Wände, Türen und Deckenbalken sehr schön harmoniert. Vor dem Verlegen mußte auf den Gußasphalt als Untergrund zunächst ein Fließspachtel aufgebracht und gleichmäßig verteilt werden. Am folgenden Tag konnte mit den eigentlichen Verlegearbeiten begonnen werden. Abschnittsweise wurden der Kleber aufgebracht, die Teppichbahnen entrollt, zugeschnitten, verlegt und angepreßt.

Beim Kauf des Klebers sollte besonders genau darauf geachtet werden, daß das Produkt keine überhöhten Konzentrationen von Lösemitteln und anderen gesundheitsgefährdenden Bestandteilen enthält. Da bei vielen Produkten keine Volldeklaration der Inhaltsstoffe gegeben ist, sollten zur Orientierung entsprechende Testberichte (z. B. in »Öko-Haus«) herangezogen werden.

121 Zunächst wird als Untergrund für den Teppichkleber und zum Ausgleich noch vorhandener Unebenheiten ein Fließspachtel aufgetragen und mit der Kelle verteilt.

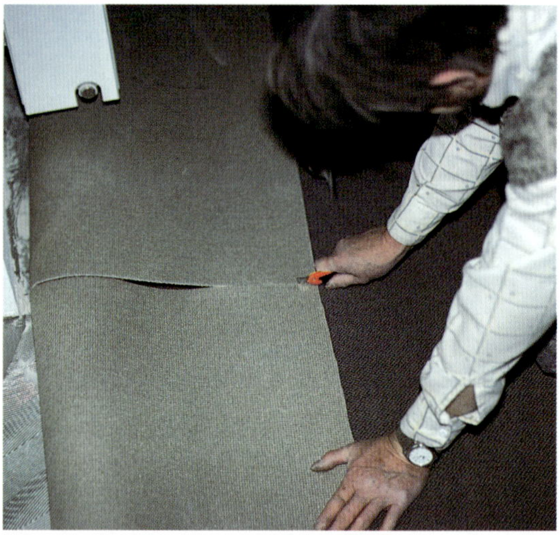

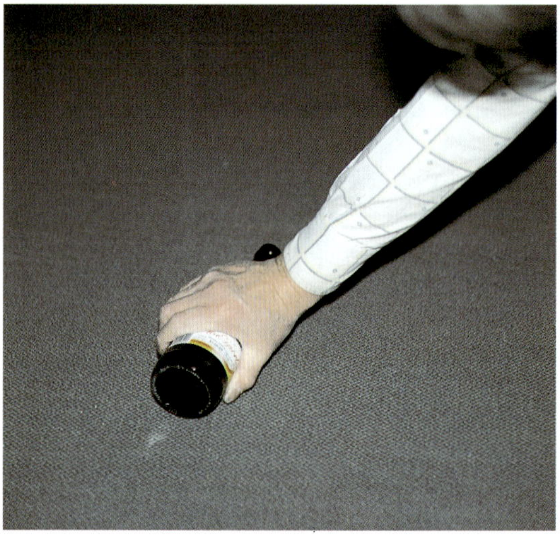

122 Der Teppichkleber wird abschnittsweise aufgetragen und mit der Spachtel in schleifenförmigen Bewegungen verteilt.

123 Nach Auftrag des Klebers werden die Teppichbahnen entrollt.

124 Das wichtigste Handwerkzeug: Bodenverlegehammer und Klingenmesser mit zwei verschiedenen Klingen zum Schneiden bzw. Einpassen des Teppichs.

125 An Mauervorsprüngen muß der Teppich mit dem Klingenmesser eingeschnitten werden.

126/127 Zunächst wird die Bahn glattgestrichen, dann angepreßt. Am besten geschieht dies mit einer Walze, man kann – wie hier abgebildet – statt dessen aber auch eine Glasflasche verwenden. Diese Möglichkeit bietet sich etwa dann an, wenn allein gearbeitet wird und die Höhe des Dachgeschosses den Antransport einer Walze nicht zuläßt. Wichtig ist, daß genügend Anpreßdruck geschaffen wird, um eine feste Haftung der Teppichbahn zu erreichen und alle Luftblasen herauszustreichen.

128 Bei Heizkörperrohren wird die Teppichbahn eingeschnitten. Nach dem Verlegen und Anpressen der Teilstücke die Stöße der Bahnen sorgfältig mit dem Hammer glattstreichen.

129/130 Von den eingekettelten Randstreifen die rückseitigen Klebebänder entfernen. Die Streifen werden angelegt und mit dem Hammer angepreßt.

131 Das Anwesen der Familie Hütt nach dem Umbau (Ansicht von Süden).

# II. Umbau eines Hofes zu Reihenhauseinheiten mit Energiespar- und Solartechnik

Die ehemalige Scheune eines um 1900 erbauten, nur mehr teilweise bewirtschafteten Bauernhofs sollte nach der Vorstellung der Bauherrin, Gabriele Hütt, einer neuen Nutzung zugeführt werden. Dementsprechend wurde der Wirtschaftsbereich Mitte 1995 bis 1996 zu drei Reihenhauseinheiten umgebaut, während der alte Wohntrakt unverändert blieb. Kennzeichnend für dieses Projekt sind die klare Architektur, die durchgehende Glasfassade mit Wintergärten auf der Südseite zur passiven Nutzung der Solarenergie und vor allem die innovative Umgestaltung des Dachgeschosses einschließlich des Einbaus einer Solaranlage.
Die vorhandenen massiven Ziegelaußenwände auf der West-, Nord- und Ostseite wurden belassen, aber zur Optimierung der Wärmedämmung und in Hinblick auf den angestrebten Niedrigenergiestandard mit einer Vorsatzschale versehen. Im Süden wurde vor die bestehenden Holzstützen eine neue Holzständerkonstruktion gesetzt und durchgehend verglast. Insgesamt muß, wie auch die Bilder zeigen, von einer gestalterisch

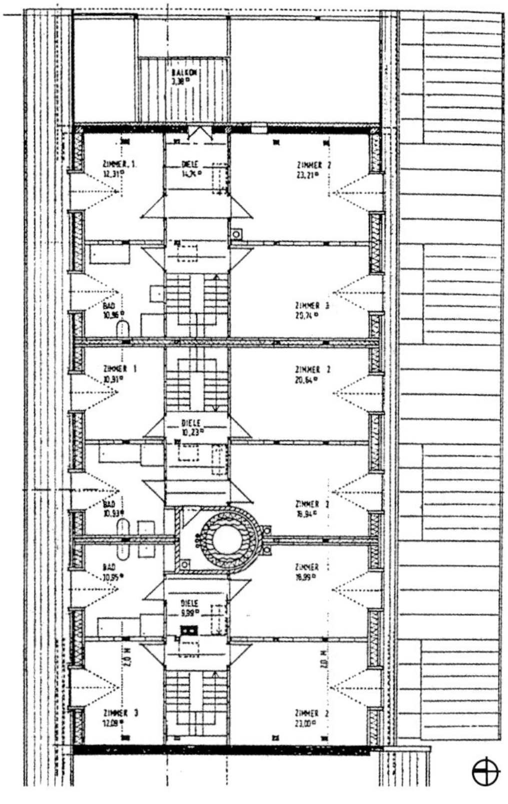

132 Dachgeschoßgrundriß (M 1:220) (Planung: Wendelin Lichtblau).

133/134 Vor die ehemalige Tenne wurden Holzständerkonstruktionen gesetzt. In den Obergeschossen befinden sich die Wintergärten.

äußerst anspruchsvollen und ausgesprochen durchdachten Gesamtplanung durch den Münchner Architekten Wendelin Lichtblau gesprochen werden. Gerade wegen des hohen planerischen Niveaus ließen sich an vielen Stellen durch geschickte technische Lösungen Kosten einsparen.
Im Dachgeschoß wurde zunächst der bestehende Dachstuhl statisch verbessert. Für die Dämmung des Dachs (Zwischensparrendämmung) sorgen Zelluloseflocken (Isofloc), die maschinell zwischen die Dachhautschichten eingeblasen wurden. Als Winddichtung verwendete man Folie des Fabrikats Tyvek. Die Deckung besteht aus neuen, naturroten Falzziegeln. Für die Belichtung der geschaffenen Dachräume sorgen insgesamt 12 Ganzglasgauben, deren Grundkonstruktion vom Schreiner stammt. Als Deckprofile kamen unbehandelte Aluminiumbleche zur Verwendung.

135 Holzkonstruktion und Dachstuhl mußten den neuen baulichen Anforderungen angepaßt werden. Blick durch den Innenraum der ehemaligen Tenne auf der Dachgeschoßebene während der Umbauphase.

136 Die Sonnenkollektoren werden auf der Trägerlattung montiert.

Der vielleicht interessanteste das Dach betreffende Aspekt besteht im Einbau einer Sonnenkollektoranlage mit 20 m³ Großspeicher, die zusammen mit der passiven Solarenergienutzung, der hervorragenden Wärmedämmung und der im Erdgeschoß neu installierten Hackschnitzelheizanlage eine enorm günstige Energiebilanz liefert (Voruntersuchung und Projektierung: Innovas, München). Die Installation einer Fotovoltaikanlage auf den südlichen Balkondächern ist schon mit vorbereitet. Obgleich auch der alte Wohnteil des Hofes und zusätzliche Nebengebäude in das System integriert sind, basiert das Energieversorgungskonzept auschließlich auf erneuerbaren Energien.
Zunächst lagen am Standort des Hauses mit etwa 1500 – 1700 Stunden durchschnittlicher jährlicher Sonnenscheindauer, entsprechend einer pro Quadratmeter und Jahr eingestrahlten Energiemenge von ca. 1050 – 1100 kWh, gute Ausgangsbedingungen für den Einbau einer Solaranlage vor. Außerdem ist der Hof mit einer Traufseite direkt nach Süden ausgerichtet und hat einen günstigen Dachneigungswinkel von 30 Grad. Unter Berücksichtigung der Sonneneinstrahlung, des errechneten Wärmebedarfs (angesetzt für 27 Personen), der zur Verfügung stehenden Dach- und Kollektorfläche und der dazu passenden Speicherkapazität wurde die Kollektorfläche auf 88 m² (effektive Nutzfläche 81,8 m²) festgelegt, die sich auf 22 Flachkollektoren mit jeweils 4 m² Kollektorfläche verteilt. Der Speicher wurde mit 20 m³ hierauf abgestimmt. Damit deckt die Solaranlage (Kollektoren: Fa. Lehmann; Speichertechnik: Fa. Jenni) ganzjährig den gesamten Energiebedarf für das Brauchwasser, von Mitte April bis Anfang Oktober zusätzlich auch den für die Heizung. In den übrigen Monaten ist die Hackschnitzelheizanlage zur Wärmeversorgung in Betrieb, ergänzt durch die Solaranlage.

137 Die großen Glasflächen der Gauben ermöglichen eine ausgezeichnete Belichtung der Dachräume. Das Dach ist hier bereits mit Falzziegeln gedeckt. Rechts im Bild die Glasdächer der Wintergärten. Dazwischen zu sehen sind die (provisorisch mit Bitumenpappe gedeckten) Flächen für die spätere Montage der Photovoltaikanlage.

138 Ansicht des Dachbereichs nach der Fertigstellung.

139 Eine sehr schöne, nach dem Entwurf des Architekten vom Schreiner gefertigte Holztreppe erschließt das Dachgeschoß. Da sich im Firstbereich die Technik für die Photovoltaikanlage befindet, wurde eine neue Decke benötigt. Dennoch geben einige in die Decken eingesetzte Glasscheiben den Blick nach oben frei.

140 Blick durch eine Glasgaube, die mit einem gelben Sonnensegel beschirmt ist.

141 Die in einem hellen Pastellton gestrichenen Türen des Dachgeschosses setzen einen zurückhaltenden Akzent. Bei aller Wohnlichkeit bleibt die Architektur der Innenräume stets wohltuend sachlich.

Alle leichten Trennwände im Dachgeschoß mußten neu montiert werden. Es handelt sich hierbei ausnahmslos um Holzständerkonstruktionen, die mit Holzfaserplatten Pavatherm TW der Stärke 60 mm von Pavatex gedämmt sind. Damit läßt sich insbesondere ein sehr guter Schallschutz erzielen. Die so gedämmte Konstruktion beplankte man beidseitig mit Fermacell-Ausbauplatten. Die Decken und Böden wurden teils mit unbehandeltem Lärchenholz verschalt bzw. ausgelegt. Die Wände erhielten einen Kalkputz und einen reinweißen Mineralfarbanstrich.

Auf die nicht verglasten Außenfassaden wurde ebenfalls eine Schalung aus unbehandeltem, mit der Zeit vergrauendem Lärchenholz aufgebracht. Diese erhielt wie das Dach eine Dämmschicht aus eingeblasenen Zelluloseflocken.

Die Hauptbäder brachte der Architekt im Dachbereich unter. Alle Arbeiten erfolgten im Trockenausbauverfahren. Aus Gründen der Kostenersparnis entschied man sich dafür, alle Vorwandinstallationen vorfertigen zu lassen, so daß sie vor Ort nur noch montiert werden mußten.

Die Raumhöhen in den Dachgeschossen betragen etwa 2,50 m (im Obergeschoß 3,20 m). Der Bereich unterhalb des Firsts wird nicht als Wohnraum genutzt. Die optimal belichteten und sehr stimmungsvollen Wohneinheiten in Obergeschoß und Dachgeschoß besitzen eine reine Wohnfläche von insgesamt etwa 560 $m^2$.

# III. Günstiger und anspruchsvoller Dachausbau einer Doppelhaushälfte

Die Bauaufgabe bei diesem Projekt bestand darin, unter den relativ engen Bedingungen des gültigen Bebauungsplans ein Dachgeschoß zu planen, das – bei möglichst geringen Kosten – hohe gestalterische Qualität mit guter Belichtung verbinden sollte. Vom Ablauf her war in diesem Fall der Dachausbau bereits von vornherein vorgesehen, konnte also bei der Gesamtplanung der Doppelhaushälfte berücksichtigt werden. Jedoch erfolgte der Ausbau des obersten Geschosses erst in einem zeitlich späteren zweiten Bauabschnitt im Jahr 1988. Daß die Baumaßnahme heute immer noch überzeugt, spricht für die durchdachte Planung der Architekten Jocher und Engl (München).

Diese wurde auch im Rahmen des Bayerischen Landeswettbewerbs »Gut und preiswert wohnen unter dem Dach« 1990 vom Preisgericht ausgezeichnet. Natürlich setzte dieses nicht ganz alltägliche Konzept aber auch eine gehörige Portion Sensibilität und Mut bei den Bauherren, der Familie Veronelli, voraus.

Das Gebäude selbst ist in Massivziegelbauweise ausgeführt und hinter der Holzschalung mit einer Dämmschicht versehen. Ein sehr schöner, gläserner Erker an der Südseite sorgt dafür, daß die Belichtung auch im Erdgeschoß zum Erlebnis wird.

Die Fenster in Verbundkonstruktion erlaubten durch die Verbindung von Isolier- und Einfachverglasung die Ausführung sehr schmaler Sprossen.

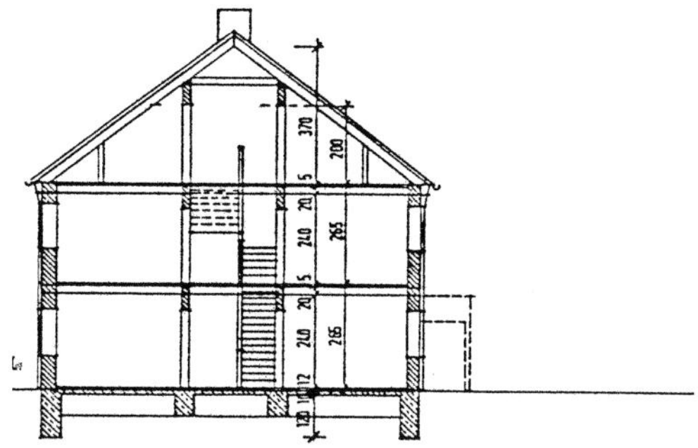

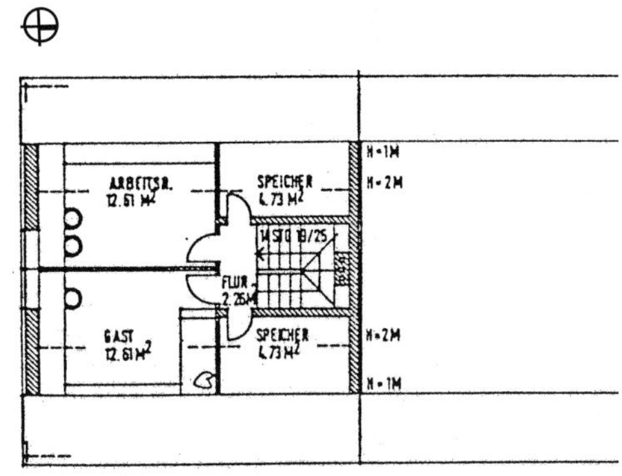


142 Giebelansicht des Starnberger Doppelhauses nach Abschluß des Dachausbaus.

143 Schnitt durch den Giebelbereich (M 1:200).

144 Dachgeschoßgrundriß (M 1:200)

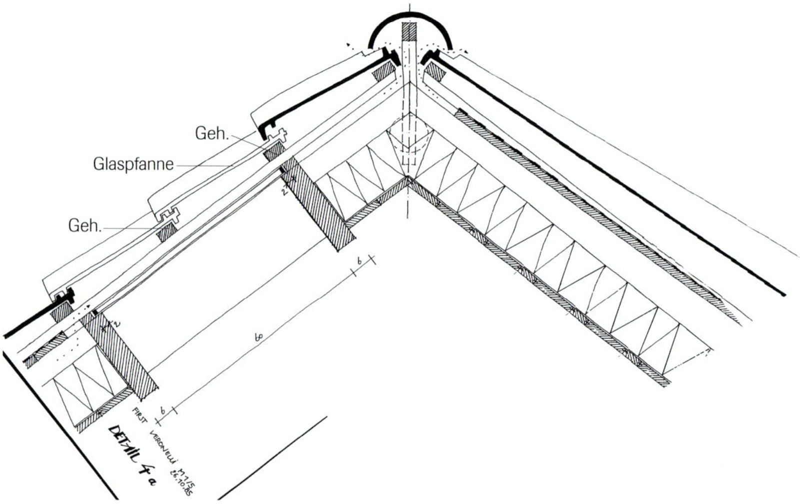


Firstziegel
Flachdachpfanne
Lüfterziegel
Lattung 30/50 mm
Konterlattung 24/48
Feuchtigkeitssperre V 13
Flachstahlverband
ungeh. Schalung 16 mm
Luftraum 24 cm
Wärmedämmung
Dampfbremse
Raumseitige Bekleidung

Das Ziel, eine geschlossene Wirkung der Dachfläche und eine gute Belichtung der Dachräume ohne Gauben und Dachflächenfenster zu erzielen, stellte an den Einfallsreichtum des Architekten – nicht zuletzt angesichts der Grundfläche von 10 x 9 m – hohe Anforderungen. Die Lösung bestand darin, anstelle der Ziegelplatten unterhalb des Firsts zwei Reihen Glasdachplatten zu verlegen. Zur Wärmedämmung wurden darunter in der Schalungsebene Isolierglasscheiben eingebracht. Ansonsten wurde das Dach mit Tondachziegeln gedeckt und mit einer Zwischensparrendämmung versehen. Der nur etwa 80 cm breite Lichtschlitz sorgt zusammen mit dem großen Fenster im Westgiebel den ganzen Tag über für eine hervorragende Belichtung der beiden Kinder- bzw. Jugendzimmer und des Treppenhauses. Was sonst im Dunkeln liegt und künstlich beleuchtet werden muß, ist hier taghell erleuchtet.

Das in das Treppenhaus einfallende Licht reicht auch aus, die anderen Dachgeschoßräume durch innenliegende Fenster zu belichten. Ferner wurde die zum Dachgeschoß führende Podesttreppe geschickt genutzt, um in ihr eine mit Holz verschalte Aufbewahrungskammer unterzubringen.
Wo nicht mit Holz ausgebaut wurde, kamen Gipskartonplatten zum Einsatz.
Durch den Dachausbau konnte eine zusätzliche Wohnfläche von 38 $m^2$ geschaffen werden, davon je 12 $m^2$ für die beiden Kinderzimmer. Bei reinen Baukosten von nur etwa DM 30 000,– entspricht dies einem Preis von DM 800,– pro $m^2$. Allerdings wurde auch ein hohes Maß an Eigenleistung (im Wert von etwa DM 15 000,–, etwa 300 Arbeitsstunden) erbracht, im einzelnen bei dem Einbau der Glasflächen, der Verkleidung bzw. Verschalung der Wände und Decken, den Anstrichen und der Verlegung der Holzböden. Dennoch ist das Ausbauvorhaben insbesondere angesichts der erreichten Bau- und Wohnqualität als sehr kostengünstig zu bezeichnen. Das Projekt kann als herausragendes und äußerst nachahmenswertes Beispiel für andere Dachausbauten im Einfamilienhaus gelten.

145 Schnitt durch die Dachkonstruktion (M 1:40).

146 Südansicht der Doppelhaushälfte mit Glaserker. Die in zwei Reihen angeordneten Glasdachpfannen sind gut zu erkennen.

147 Das Dachgeschoß vor dem Ausbau. Noch ist das Mauerwerk sichtbar, die Öffnungen für die Giebelfenster sind mit Plastikfolie verhängt.

148 Die Holzfenster sind eingesetzt, die Wände geweißt, die Heizinstallation und die Radiatoren montiert.

149 Das durch die Glasdachpfannen ins Kinderzimmer einfallende Licht bescheint die holzverschalte Dachschräge.

150 Die beiden Kinderzimmer wurden durch eine Leichtbauwand getrennt, die bei der Mittelsprosse des großen Giebelfensters auf die Außenwand stößt. Hier der nördlich gelegene Raum nach Fertigstellung.

151 Blick in den Firstbereich des innenliegenden Treppenhauses, das durch die Glasdachpfannen hell erleuchtet wird. Die Dachschrägen sind teils mit Holz, teils mit Gipsplatten verschalt und mit reinweißer Mineralfarbe gestrichen.

152 Treppe zum Dachgeschoß mit integrierter, holzverschalter Aufbewahrungskammer.

153 Blick durch das Dachgeschoß während der Bauphase mit noch offenen Balkenlagen. Zwei Leichtbauwände sind fertiggestellt, Tür- und Fensterzargen eingesetzt.

154 Der Treppenhausbereich im Dachgeschoß nach der Fertigstellung.

155 Treppe zum Dachgeschoß

156 Obergeschoß mit Durchblick zur Dachgeschoßtreppe.

# IV. Eine alte Wohnung für junge Bewohner

157 Ansicht von Gebäude und Dachgeschoß nach Abschluß der Umbaumaßnahmen.

In zunehmendem Maß stehen die in den 50er und 60er Jahren erbauten Einfamilien- und Mehrparteienhäuser zur Renovierung und damit meist auch zum Ausbau des Dachgeschosses an. Bei dem hier vorgestellten Gebäude bot sich eine Dachnutzung durch junge Bewohner an, da der Bau nur knapp unter Hochhaushöhe bleibt, aber keinen Aufzug besitzt.

Die Planung der beiden ebenfalls noch jungen Architekten der Werkgemeinschaft 6 B (Augsburg) war deshalb zum einen darauf auszurichten, genügend neue Räume für die (heute vier) Bewohnerinnen und Bewohner einer Wohngemeinschaft zu schaffen. Zum anderen sollten alle Einbauten weitgehende Reversibilität gewährleisten.

Das heißt, die Wohnung – mit einer Grundfläche von immerhin 200 m$^2$ – war so zu gestalten, daß sie ohne großen Aufwand auch wieder zu zwei separaten Einheiten umgewandelt werden könnte. Daher wurde die in der Mitte gelegene, ans Treppenhaus angrenzende Gemeinschaftsküche mit der Maßgabe geplant, daß daraus gegebenenfalls zwei Küchen mit den notwendigen Anschlüssen entstehen könnten. Im Installationskanal hinter den Abstellbrettern verlaufen Elektro- und Heizleitungen, die es ermöglichen, an jeder beliebigen Stelle neue Anschlüsse zu schaffen. Dadurch werden natürlich im Bedarfsfall beträchtliche Kosten eingespart. Die gute Erreichbarkeit aller Bauteile auch nach Fertigstellung war insgesamt eine wesentliche Zielsetzung der Planer Oliver Wolfinger und Matthias Zimmer. Auch dies

158 Die Dachstuhlkonstruktion mit der späteren Galerieebene vor dem Ausbau.

159 Dachgeschoßgrundriß (M 1:200).

160 Galeriegeschoßgrundriß (M 1:200).

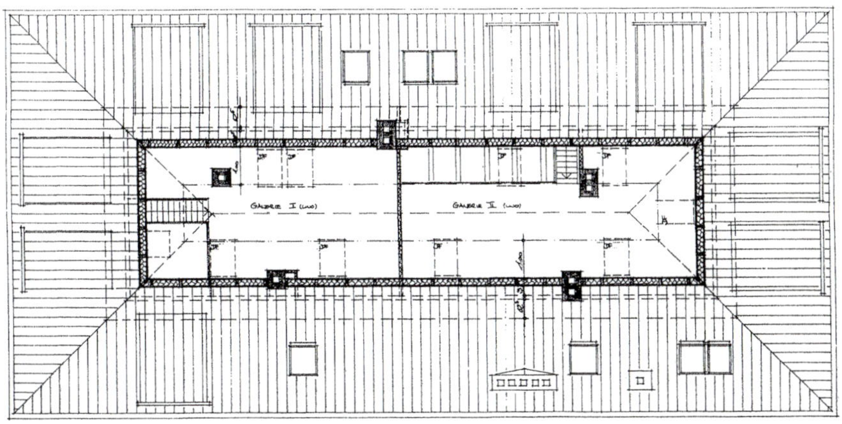

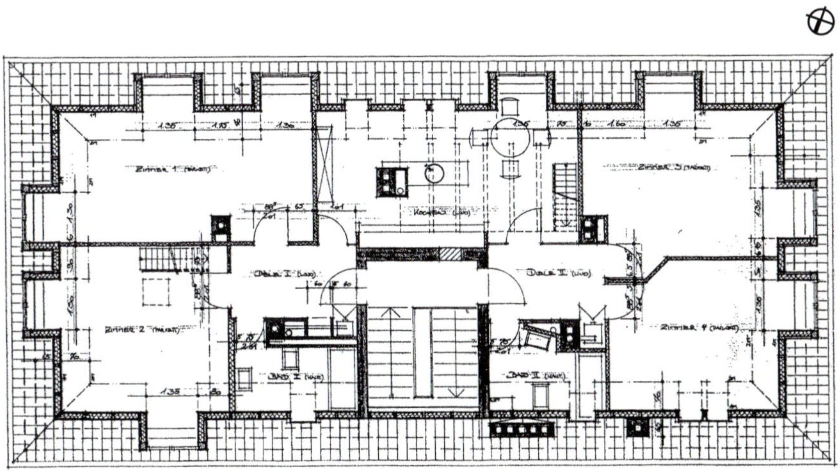

161 Zustand des Dachgeschosses vor dem Ausbau. Diese alte gemauerte Trennwand wurde herausgenommen, um Raum für die Küche zu gewinnen.

162 Die Küche nach Beendigung des Umbaus. Auf dem Foto links ist sehr schön zu erkennen, wie durch die Glasfront der Flur mitbelichtet und der Eindruck von Durchgängigkeit geschaffen wird.

163/164 Wohnungseingangsbereich vor und nach dem Dachgeschoßausbau.

sorgt im Falle einer notwendigen Reparatur dafür, daß Zeit und damit Arbeitskosten eingespart und Schäden leichter behoben werden können.
Nicht zuletzt strebten die Planer an, die auf dem Markt angebotenen Produkte weiterzuentwickeln bzw. den eigenen technischen und gestalterischen Vorstellungen anzupassen, um sowohl Kosten zu sparen als auch den eigenen Qualitätsanspruch umzusetzen. Ein Beispiel hierfür sind die Innentüren, die ein umlaufendes Stockholz und keine Zargen oder Türbekleidungen besitzen. Die Gipskarton-Wandplatten wurden lediglich gegen Klebestreifen abgespachtelt. Fertig gesetzt und vom Schreiner lackiert, kosteten die Türen nur je DM 680,– (Nettopreis). Die blauen Wohnungseingangstüren mit »Bullauge« sind seriengefertigte, kerngedämmte Stahlblechtüren.
Verschalte Deckenbalken über der Küche schaffen eine schöne Atmosphäre und reizvolle Durchblicke von der Galerieebene. Die etwa 28 m² große Galerie (18 m² reine Wohnfläche) wird als gemeinschaftlicher Aufenthalts- und Fernsehbereich genutzt. Für die Verbindung der beiden Ebenen sorgt eine von den Architekten entworfene und vom Schlosser gebaute Stahltreppe, deren Trittstufen aus abgekantetem Tränenblech gefertigt sind. Gestrichen wurde sie in einem attraktiven Blauton. Eine in gleicher Weise konstruierte, nur in den Abmessungen etwas unterschiedliche Galerietreppe befindet sich im Zimmer einer Bewohnerin. Wie die Planung insgesamt überzeugen auch die Treppen mit ihrer modernen, geradlinigen Gestaltung. Die schmalen Profile der Treppengeländer und Handläufe sorgen ebenso wie die sichtbaren Deckenbalken und die hervorragende Belichtung für den Eindruck von Durchgängigkeit und vermitteln ein sehr angenehmes Raumgefühl.

165 Die klar gestaltete Stahltreppe verbindet Dachgeschoß- und Galerieebene.

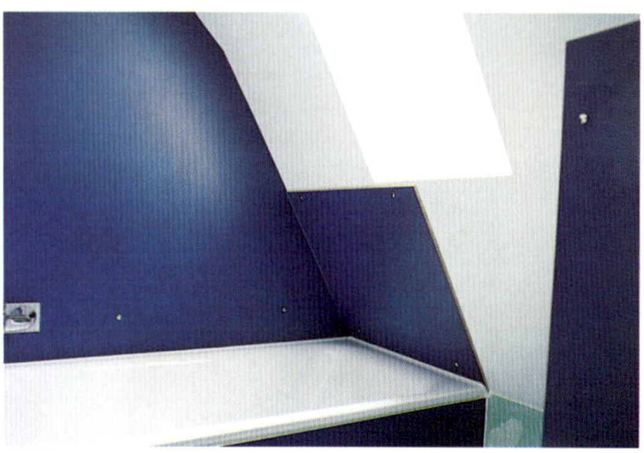

166 Das etwas andere Badeerlebnis: blaue Multiplexplatten anstelle von Fliesen.

Eine Besonderheit stellen auch die beiden Bäder dar, die nicht gefliest, sondern im Spritzwasserbereich mit blauen bzw. orangefarbenen, beschichteten Multiplexplatten ausgekleidet sind. Diese Platten haben unter anderem den Vorteil, daß sie durch ihre Schraubverbindungen – etwa bei Sanitärschäden – schnell entfernt werden können. Hinsichtlich der reinen Materialkosten ist diese Lösung natürlich im Vergleich zu den Fliesen bedeutend günstiger. Auf der – vollständig im Trockenausbau hergestellten – Bodenabdichtung und -unterkonstruktion wurde ein helltürkisfarbener Naturkautschukbelag (Noraplan, Hersteller Freudenberg) verlegt. Dieser ist als Wanne konstruiert, an den Wänden 5 cm hochgezogen und besitzt im Bereich der Multiplexplatten nochmals eine Falzung. Die Anschlüsse an aufgehende Bauteile wurden sachgemäß abgefugt. Durch diese Konstruktionsweise werden kostspielige Abdichtungsarbeiten überflüssig.

In der Küche und im Flur besteht der Fußbodenbelag aus blauem, auf der Galerie aus gelbem Linoleum (Hersteller DLW), das auf Spanplatten verklebt wurde. Darunterliegende Korkplatten sorgen für eine gute und ökologische Trittschalldämmung. Die übrigen Räume erhielten 8 mm starke, massive Eichenparkettböden, die als Lamellenparkett im Parallelverband schwimmend verlegt sind. Alles in allem fallen bei diesem äußerst gelungenen Dachgeschoßausbau vor allem die zahlreichen kreativen Lösungen bei Konstruktionen und Baudetails auf, die gleichzeitig Kosten einzusparen helfen. Dies zahlte sich im wahrsten Sinne aus, denn mit reinen Baukosten von insgesamt DM 165 000,– wurde bei einer stattlichen Wohnungsgröße von 150 m$^2$ (reine Wohnfläche) ein Quadratmeterpreis von nur etwa DM 1100,– erreicht.

167 Durchblick von der Galerie zur Küche.

168 Ansicht der völlig neu gestalteten Südfassade (M 1:200).

# V. Neues Dachraumerlebnis im Doppelhaus aus den 50er Jahren

Anhand dieses Projekts ist zu belegen, daß auch in kleinen, sehr einfach angelegten und gebauten Häusern aus den frühen 50er Jahren Dachwohnungen mit hervorragendem Raumkonzept und Raumerlebnis geschaffen werden können. Allerdings bedarf es dazu einer so durchdachten Umbauplanung wie im vorliegenden Fall.
Die Architekten Wolfgang Ott und Ulrike Seeger (Neusäß) hatten es mit einem im Familienbesitz befindlichen Doppelhaus von 1954 zu tun, das als Teil einer Kemptener Siedlerkolonie mit sparsamsten Mitteln errichtet worden war. So hatte man sich etwa in der südlich gelegenen Giebelwand auf lediglich zwei Fensteröffnungen beschränkt, um kostengünstiger bauen zu können. Andererseits war der Kamin in riesigen Ausmaßen dimensioniert worden. Nicht zuletzt aus Platzgründen, aber auch wegen der heiztechnischen Effizienz nahm man deshalb diesen gemauerten Schornstein heraus und ersetzte ihn durch einen technisch zeitgemäßen und platzsparenden Edelstahlkamin. Durch den nun schmaleren Querschnitt des Kamins gewann man etwa 3 m² Wohnfläche hinzu. Wie an diesem Beispiel deutlich wird, verfolgten die Architekten konsequent ihr Ziel, das mit ca. 40 m² reiner Wohnfläche ursprünglich sehr knappe Raumangebot auszubauen. Nachdem die behelfsmäßigen Speicherabteile und anderes Gerümpel entfernt waren, wurde auf der östlichen Dachfläche eine große, ringsum vollverglaste Gaube errichtet, die die Aufenthaltsfläche und -qualität nochmals verbesserte. Die oberseitigen Profile sind sehr dünn

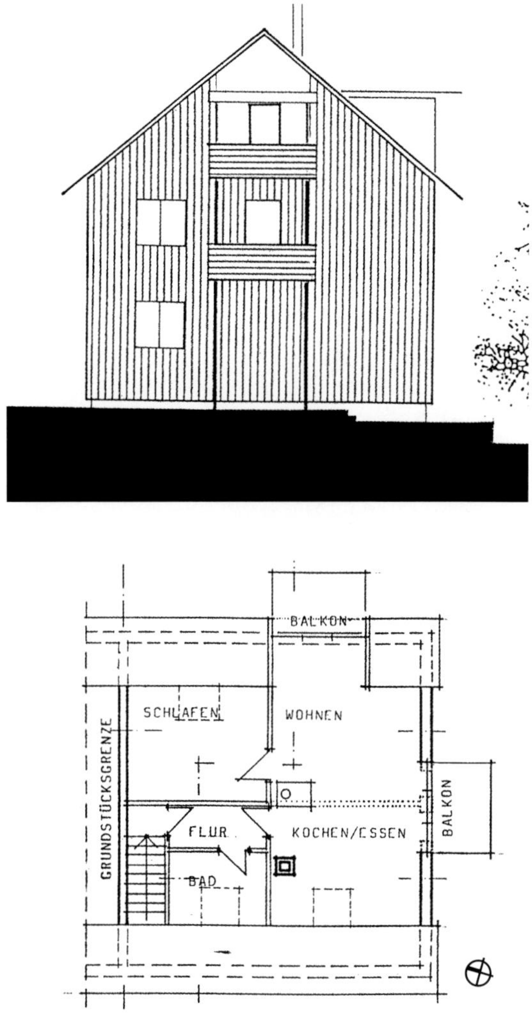


169 Aufriß und Grundriß des Dachgeschosses nach dem Umbau (M 1:200).

170

170/171 Blick durch die östliche, große Gaube während des Ausbaus und heute.

172 Im Bereich des heutigen Bads (rechts der Treppenabgang zum Obergeschoß): Die Pavatex-Dämmplatten sind aufgebracht, die Dachflächenfenster montiert. Die Sparren wurden mit zusätzlichen Hölzern für die Einbringung der Schafwollmatten vorbereitet.

171

172

173

174

ausgeführt, teils sind die Scheiben sogar rahmenlos. Hierdurch ergibt sich eine leicht und transparent wirkende Konstruktion. Zusammen mit den 5 Dachflächenfenstern entstand so ein ausgesprochen gut belichteter Dachraum. Helligkeit und den Eindruck von Durchgängigkeit erzielten die Planer auch mit der Verglasung möglichst vieler Trennwände. Wo, wie etwa in Bad und WC, ein Sichtschutz notwendig war, verglaste man ab der Oberkante der dort durchlaufenden Binder, d.h. ab der Höhe von 2 m.

Ein Kennzeichen dieses Dachausbaus war sicherlich, daß sich im Verlauf des ursprünglich sehr einfach konzipierten Vorhabens immer neue Ideen für Verbesserungsmöglichkeiten ergaben, die dann sukzessive umgesetzt wurden. So war anfangs nicht vorgesehen, die südliche Giebelseite zu verändern, dies erwies sich aber als gestalterisch und funktional logischer Schritt, um die Nutzung und Belichtung des Dachgeschosses zu verbessern. Im Dachspitz brachte man eine große zusätzliche Glasfläche mit Fenstertüre ein (sowie eine weitere Glastüre im Obergeschoß). An der Südseite des Gebäudes wurden freitragende, glasüberdachte Stahlbalkone vorgehängt, die während der Arbeiten am Giebel auch als Baugerüst genutzt werden konnten. Die vom Schlosser vormontierten, lärchenholzverschalten Balkone wurden mit dem Kranwagen an ihren Platz gehoben.

173 Nach Einbringung der Leichtbauwände verglaste man – wie hier beim Badezimmer – den Bereich oberhalb der Binder, um die bestmögliche Belichtung zu erzielen.

174 Detailansicht der Fichtenholzschalung, die farblich sehr gut zur Schalung des Dachüberstands paßt, mit Durchblick zum Eßplatz. Auch die Glaselemente und die Konstruktion des Stahlbalkons sind gut zu erkennen.

175 Der Boden aus Ahorn-Massivholzdielen wurde selbst mit ökologischen Produkten geölt und gewachst. Er sorgt zusammen mit den ebenfalls aus Massivholz gefertigten Küchenzeilen und der sachlichen Wirkung der Edelstahlrohre für Wohnlichkeit ohne Rustikalität.

Die bis dahin durchgeführten gestalterischen Verbesserungen ließen es dann auch folgerichtig erscheinen, die vorhandenen Faserzementplatten auf der gesamten Giebelseite zu entfernen. Sie wurden durch eine senkrechte, blau gestrichene Deckleistenschalung aus Fichte ersetzt. Dahinter befindet sich eine Dämmschicht aus Kork (Stärke 60 mm).
Wie bei allen Bauteilen legten die Architekten auch bei der Dämmung und beim Innenausbau größten Wert auf die bauphysiologische und ökologische Verträglichkeit der verwendeten Materialien und Produkte. Der Großteil dieser Arbeiten konnte in Eigenleistung erfolgen.
Der vorhandene Boden mit dem alten Bretterbelag und dem darunterliegenden Fehlboden (Zeitungspapier, Koksasche usw.) wurde entfernt. Statt dessen brachte man zunächst eine Schüttung aus Granitsplit zur Luftschalldämmung auf, die dann eine etwa 30 mm starke Gipsplattenauflage zur Herstellung einer planen Fläche erhielt. Als trittschalldämmendes Auflager verwendete man schwimmend gelagerte Hölzer auf Kokosstreifen. Dazwischen wurde als weitere Schallschutzmaßnahme eine Perlite-Schüttung eingebracht. Als Bodenbelag entschied man sich für unbehandelte Ahorn-Massivholzdielen mit Nut und Feder, die selbst verlegt und mit natürlichen Produkten geölt und gewachst wurden. Die Vorzüge von Massivholzdielen bestehen vor allem in der Natürlichkeit des Materials, seiner positiven Wirkung auf das Raumklima und den Feuchtigkeitsaustausch, der schönen Oberfläche und in der einfachen und schnellen Verlegetechnik.

176 Die Konstruktion der Holz-Leichtbauwände wird errichtet. In der Bildmitte ist die Ständerwand des Bads zu sehen.

177 Die Gips-Ausbauplatten sind angebracht, die Stöße und Schraubenvertiefungen verspachtelt. Die Wände besitzen teils schon ihren weißen (Mineralfarben-) Anstrich.

Vor der Dämmung des Dachs mußte die vorhandene, feuchtigkeitsabsperrende Unterspannbahn aus PVC entfernt werden. Durch den Niederschlag der Feuchtigkeit, die nicht nach draußen entweichen konnte, war es zu Schäden an der Dachkonstruktion gekommen. Daher war die Dachlattung komplett auszuwechseln. Auf der Außenseite verlegte man zur Sicherstellung einer diffusionsoffenen Dachhautkonstruktion Pavatex-Platten ohne Dampfsperre. Die eigentliche Dämmschicht bildeten Schafwolldämmatten (Fabrikat Doppelmeyer), die in einer Stärke von etwa 160 mm zwischen die – mit aufgeschraubten Hilfssparren verstärkten – Sparren eingepaßt wurden. Nach innen spannte man hierauf eine feuchtigkeitspuffernde (aber nicht-absperrende!) Baupappe (Fabrikat Bi-Natur). Nur im Bad, wo es in kurzer Zeit zu starker Feuchtigkeitsentwicklung kommen kann, wurde zusätzlich eine Dampfsperre eingezogen. Auf der Lattung wurden 20-mm-Gipskartonplatten (Knauf) aufgeschraubt. Als neue Trennwände errichtete man Holzständerwände, die wie das Dach mit Schafwollmatten gedämmt und mit Gipskartonplatten beplankt wurden. Alle Ausbauplatten sind nur grundiert und mit Mineralfarbe (Fabrikat Keim) in Off-White-Tönen gestrichen. Am Ende war eine vergleichsweise günstige, mit viel Eigenleistung verwirklichte und vor allen Dingen äußerst attraktive Dachgeschoßwohnung auf höchstem planerischen und auch ökologischen Niveau entstanden. Die jetzige reine Wohnfläche beträgt 56 $m^2$. Damit gewann man gegenüber dem Zustand vor dem Ausbau etwa 9 $m^2$ hinzu. Bei reinen Baukosten von DM 50 000,– zzgl. Eigenleistung im Wert von ca. DM 60 000,– ergibt sich – unter Einrechnung aller Eigenleistungen – ein Preis von DM 2000,– je $m^2$. Zusätzliches Wohngefühl schafft der in der Wohnungsmitte plazierte neue Ofen aus Schamottsteinen, der nur DM 3500,– incl. Einbau kostete. Die Schamottsteine werden mit der Zeit etwas abgegriffen und zeigen dann eine interessante Patina. Im Winter oder bei kühler Witterung sorgt der Ofen (Fa. Wachter) für behagliche und langanhaltende Wärme und rundet damit die Wirkung der Dachwohnung ab. In dieser höchst angenehmen Atmosphäre lassen sich freie Tage und der Ausblick nach Süden auf die Bergwelt der Alpen unbeschränkt genießen.

178 Ausblick von Wohnraum/Küche nach Süden

179 Der in anspruchsvollem, geradlinigem Design ausgeführte Ofen aus Schamottsteinen bildet gleichsam den »Lebensmittelpunkt« der großen Wohnküche. Zur Bewahrung des einfachen Charakters wurde der Ofen nicht verputzt, sondern nur leicht geweißt.

180/181 Grundriß des Dachgeschosses und der Galerieebene nach dem Umbau (M 1:330).

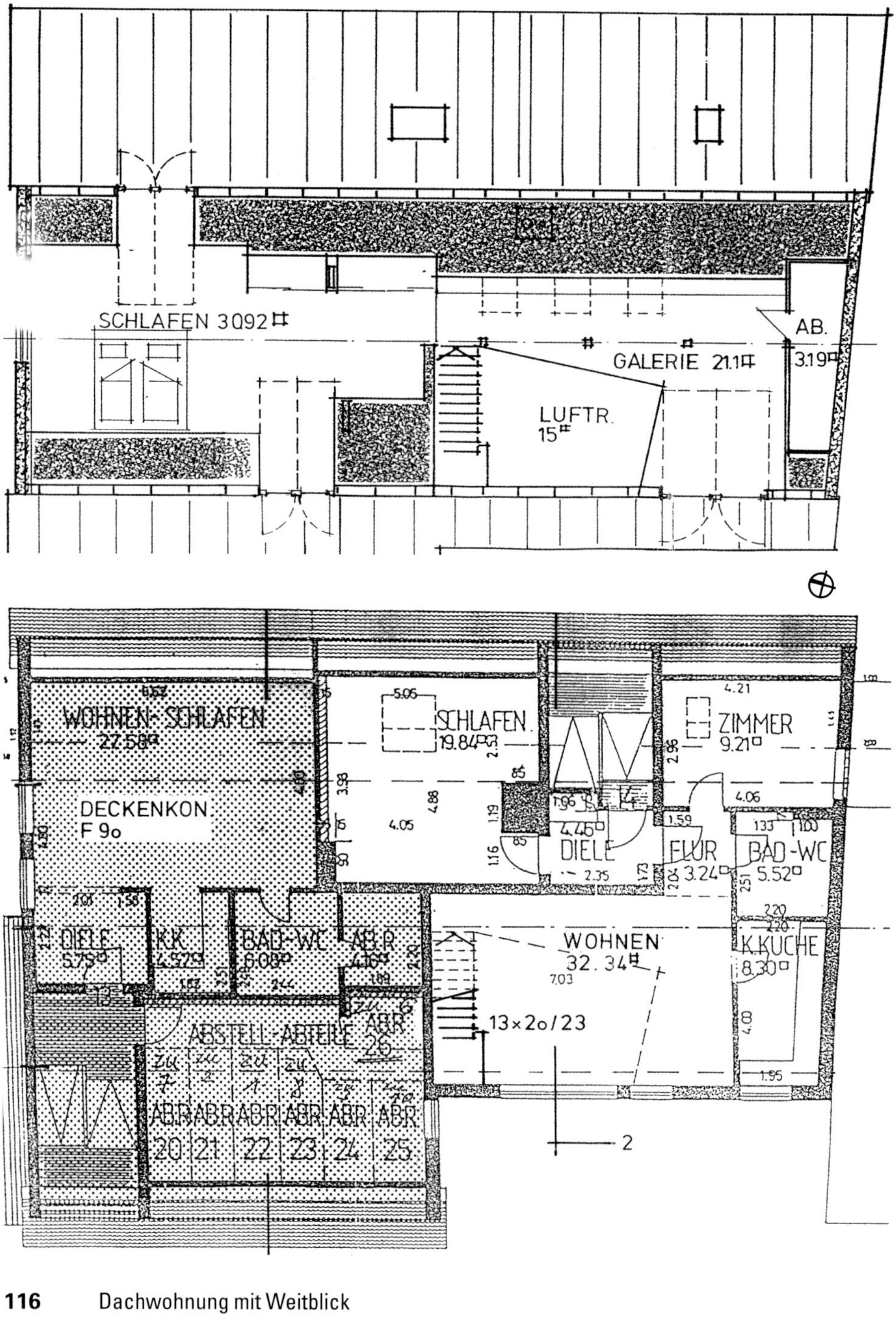

# VI. Eine Dachwohnung mit Weitblick

Viele Familien sehen sich bei gewachsenem Platzbedarf vor die gleiche Frage gestellt: In ein größeres Haus ziehen oder aber nach räumlichen Alternativen im bestehenden Gebäude suchen? Da die Familie Anzinger mit ihren damals zwei Kindern gerne in der Stadt wohnte, ihr Haus sich in einem verkehrsberuhigten, sanierten Viertel befand und im eigenen Heim noch genügend ausbaufähige Fläche vorhanden war, entschied sie sich zum Bleiben. Als zusätzlich nutzbarer Raum stand der komplette Dachboden des Mehrparteienhauses zur Verfügung, den man beim Kauf der darunterliegenden Wohnung für einen geringen Aufpreis hinzuerworben hatte. Gleichzeitig bot sich mit dem Ausbau des Dachbodens die Chance, den darunterliegenden Wohnbereich anders zu gestalten. Die Umbauplanung durch das Architekturbüro Herbert Jötten (Augsburg) führte gerade angesichts der vergleichsweise beschei-

182 Die untere Ebene der Wohnung ist nach dem Umbau weit besser belichtet. Durch die großflächige Öffnung zur Galerieebene entsteht der Eindruck von Durchgängigkeit und Großzügigkeit.

183 Hier wurde schon für den Einbau der großen Glasgaube auf der Galerieebene die Dachdeckung entfernt.

denen Bausumme zu einer gestalterisch überzeugenden Maisonettewohnung mit hoher »Wohn- und Bürotauglichkeit«. Für eine bessere Belichtung der unteren Wohnungsebene sorgte in erster Linie der Einbau dreier neuer Schleppgauben sowie einiger Dachflächenfenster. Nach einer fruchtbaren Diskussion bewilligte das zuständige Stadtplanungsamt auch die größte der drei Gauben, die eine Grundfläche von ca. 5 $m^2$ besitzt. Ausschlaggebend war hier letztlich die gestalterische Qualität dieses vollverglasten Dachaufbaus, mit dem auch Ersatz für eine in diesem Altstadtbereich nicht genehmigungsfähige Terrasse geschaffen wurde. Der Ausblick durch die großen Glasfronten auf die Dachlandschaft der Stadt ist einen Aufstieg wert. Die Holzkonstruktion der Gaube wurde vom Schreiner angefertigt. Um übermäßige Sonneneinstrahlung von der Galerieebene fernzuhalten, entschied man sich dafür, das Glasdach mit Okalux-Scheiben zu decken. Die in diese Scheiben integrierten Metallamellen sind nach Süden ausgerichtet und reflektieren die Sonnenstrahlen. Die beiden anderen, kleiner dimensionierten Gauben

184/185 Die Holzkonstruktion der Gaube ist aufgestellt (Ansicht von innen und außen).

186 Nach der Verglasung und Fertigstellung: Die Gaube vermittelt durch ihre großzügige Dimensionierung und vollständige Verglasung das Gefühl von Weite.

besitzen die gleiche Grundgestaltung, sind allerdings nur seitlich bzw. nicht verglast. Die auf der Ostseite angeordneten Dachflächenfenster ermöglichen eine bessere Belichtung der Galerieebene und durch den beim Umbau vorgenommenen Deckenausschnitt auch der unteren Wohnebene.
Die Dachdeckung konnte belassen werden. Darunter brachte man eine Zwischensparrenvolldämmung (16 – 18 cm Stärke) ein. Durch den wirksamen Wärmeschutz im Dachstuhl, die mit Sonnenschutzlamellen ausgerüsteten Dächer der Glasgaube und aufgrund der beim Umbau entstandenen großen Raumhöhen entstehen keine übermäßigen Temperaturen, die Lüftung funktioniert sehr gut, Hitzestaus werden vermieden.
Bei der Planung der Galerieebene, mit der man eine reine Wohnfläche von 56 m² hinzugewann, stand nicht zuletzt die Schaffung reizvoller Raumeindrücke mit Aufweitungen und Verengungen im Vordergrund. Begehbare, mit Schiebetüren ausgestattete Wandschränke sind in dieses Konzept mit einbezogen. Offenheit und Durchblicke erreichte man durch das Einziehen schmaler Stahlstützen. Für die Verbindung der beiden Wohnebenen sorgt eine vom Architekten geradlinig konstruierte und vom Schreiner gefertigteBuchenholztreppe, unter der die ebenfalls planerseitig entworfenen Schrankelemente angeordnet wurden. Das im unteren Geschoß in Eigenleistung verlegte Buchenparkett stellt die optische Einheit der verwendeten Materialien und ein gesundes Raumklima her.
Die Galerie besitzt aus Schallschutzgründen einen Sisalbelag.
Der 1993/94 geplante und genehmigte Umbau wurde von Oktober bis Dezember 1994 in zwölf Wochen durchgeführt. Zunächst erfolgte der Ausbau des Dachstuhls. Während dieser Zeit konnte die Familie im unteren Geschoß verbleiben und bezog nur für die kurze Zeit des anschließenden Gesamtausbaus eine andere Unterkunft.
Insgesamt ist nun eine reine Wohnfläche von 138 m² vorhanden, die sowohl für die Kinderzimmer als auch für die auf der Galerie befindlichen Arbeitsplätze und den Schlafbereich der Eltern genügend Platz bietet.

187 Blick auf den Dachboden, die künftige Galerieebene, zu Beginn der Bauarbeiten. Ein Teil der Bodenbretter ist bereits herausgenommen. Als nächster Schritt folgt die Einbringung der Dämmatten.

188 Dachboden mit bereits montierter neuer Stahlstütze.

189 Die Ausbauplatten werden verschraubt. Im Dachbereich sind sie bereits verspachtelt. Gut zu sehen sind hier die Abteile für die Einbauschränke.

190 Blick durch die Galerieebene. Mit dem Ersetzen der Holz- durch Stahlstützen erreichte man ein größeres Platzangebot und einen »barrierefreien« Blickbezug über die gesamte Länge der Wohnung.

191 Die untere Wohnebene erfuhr durch den Einbau der Buchenholztreppe, die darunter vom Architekten angeordneten Schrankelemente und den Parkettboden eine deutliche Aufwertung.

# Anhang

## Literaturhinweise


Arbeitsgemeinschaft Ziegeldach e. V. (Hg.), *Auszug aus den Regeln für Dachdeckungen mit Dachziegeln*, Köln 1997

Bundesamt für Energiewirtschaft (Hg.), *Bereichsprogramme Energietechnik*, Bern 1998
[Schweizer Broschüre mit Informationen über die Energieförderprogramme des Schweizer Bundes, u. a. den Baubereich betreffend. Zu beziehen über das Bundesamt für Energietechnik, Adresse siehe Seite 126]

Bundesamt für Energiewirtschaft und Konferenz der Kantonalen Energiefachstellen (Hg.), *Rationelle Energienutzung in Hochbauten, Musterverordnung*, 2., überarb. Aufl. Bern 1993

Bundesamt für Wohnungswesen (Hg.), *Erstellung, Erwerb, Erneuerung von Wohneigentum mit Bundeshilfe.* Grenchen 1997

Bundesamt für Wohnungswesen (Hg.), *Erstellung und Erneuerung von Mietwohnungen mit Bundeshilfe.* Grenchen 1997

Bundesbauministerium (Hg.), *So hilft der Staat beim Bauen. Die Fördermöglichkeiten für Wohnungsbau, Modernisierung und Instandsetzung*, Bonn – Berlin 1997
[Übersicht zu den Baufördermöglichkeiten in Deutschland. Zu beziehen über das Bauministerium, Postfach 205001, 53170 Bonn oder Postfach 217, 10123 Berlin]

*DDH-Edition, Bd. 1: Dachziegel*, Köln 1997
[Zu beziehen beim Verlag Rudolf Müller, Postfach 41 09 49, 50869 Köln, Tel. 0221-5497-0]

Drexel, Thomas, *Alte Häuser sanieren, 8 Projekte in Bildern, Plänen, Texten*, München 1998

Energieverwertungsagentur (Hg.), *Energiesparförderungen 1998, Österreich-Ausgabe*, 5., teilw. aktualisierte Aufl. Wien 1998
[Umfassende Übersicht zu den Energiespar- und Bauförderungen, die die Programme des Bundes und der Länder sowie die vorhandenen Steuersparmöglichkeiten enthält. Zu beziehen bei der Energieverwertungsagentur (E.V.A.), Linke Wienzeile 18, 1060 Wien]

Fachinformationszentrum Karlsruhe und Forum für Zukunftsenergien (Hg.), *Förderfibel Energie. Öffentliche Finanzhilfen für den Einsatz erneuerbarer Energiequellen und die rationelle Energieverwendung*, 6., überarb. Aufl. Köln 1998

Hoor, Dieter und Reiners, Holger, *Der Dachausbau, Neue Wohnräume unterm Dach, Planung und Ausführung*, München 1991

Informationsdienst für neuzeitliches Bauen e.V. (Hg.), *d-extrakt. Aufsattelung von geneigten Dächern*, 2., überarb. Aufl. Bonn 1996

Informationsdienst Holz (Hg.), *Freiräume schaffen – Dachgeschoßausbau mit Massivholz*, Düsseldorf 1997

Informationsdienst Holz (Hg.), *Holzbau-Handbuch, Reihe 1, Teil 14, Folge 3, Nachträglicher Dachgeschoßausbau*, Düsseldorf o.J.
[Beide sowie weitere Broschüren zu beziehen über den Informationsdienst Holz e. V., Postfach 30 01 41, 40401 Düsseldorf]

Niederösterreichische Landesregierung (Hg.), *Musterblätter für Baugestaltung in Niederösterreich*, St. Pölten o. J.

Öko-Haus, div. Ausgaben
[Vierteljährlich erscheinendes, sehr empfehlenswertes Magazin aus dem Öko-Test-Verlag zu den Themen Bauen, Wohnen und Renovieren]

Reiners, Holger und Hoor, Dieter, *Wohnen unterm Dach – Dachausbau, Ideen für Ausbau, Umbau und Aufstockung*, München 1992

Seidler, Benno, *Schäden beim Ausbau von Dachgeschossen*, Stuttgart 1997

Treppenmeister Partnergemeinschaft Holztreppenhersteller (Hg.), *Treppen-ABC, ein Bauherren-Ratgeber über Wohnungstreppen*, Jettingen o.J.
[66 S. starke Informationsbroschüre, die in erster Linie für die Konstruktion von Treppen nützliche Hinweise enthält]

# Wichtige Hersteller und Anbieterverbände

Diese Aufstellung erhebt nicht den Anspruch auf Vollständigkeit und ist nicht als Wertung gedacht. Vielmehr gibt sie dem Leser eine praktische Hilfestellung, um sich näher über (großenteils im Buch erwähnte) Produkte informieren bzw. diese auch selbst beziehen zu können.

Arbeitsgemeinschaft Holz e.V.
Füllenbachstr. 6
D-40474 Düsseldorf
Tel. 0211/478180
Fax 0211/452314

Arbeitsgemeinschaft Ziegeldach e.V.
Schaumburg-Lippe-Str. 4
D-53113 Bonn
Tel. 0228/9149323
Fax 0228/9149328

Claytec
Peter Breidenbach
Nettetaler Str. 113
D-41751 Viersen
Tel. 02153/9180
Fax 02153/91818

Climacell GmbH Dämmsysteme
Etzwiesenstr. 12
D-74918 Angelbachtal
Tel. 07265/6 5120
Fax 07265/913121

DLW Aktiengesellschaft
Postfach
D-74319 Bietigheim-Bissingen
Tel. 07142/710
Fax 07142/71799

Doppelmeyer Isoliertechnik
Tannachstr. 105
D-87439 Kempten
Tel. 0831/592190
Fax 0831/5921929

Espen GmbH
Im Rosengarten 1
D-61118 Bad Vilbel
Tel. 06101/6113
Fax 06101/6114

M. Faist Baustoff GmbH
Postfach 1164
D-86369 Krumbach
Tel. 08282/930
Fax 08282/299

Fels Werke GmbH (Fermacell)
Postfach 1460
D-38604 Goslar
Tel. 05321/7030
Fax 05321/703332

Freudenberg Bausysteme KG
D-69465 Weinheim
Tel. 06201/805250
Fax 06201/885250

HAGA AG Naturbaustoffe
CH-5102 Rupperswil
Tel. 0041/62/8974141
Fax 0041/62/8972630

Heraklith Gmbh (Herawool usw.)
Postfach 1120
D-84353 Simbach a. Inn
Tel. 08571/400
Fax 08571/40261

Hörmann KG
Upheider Weg 94-96
D-33803 Steinhagen
Tel. 05204/9150
Fax 05204/915135

Homann Dämmstoffwerk GmbH & Co. KG (Homatherm)
Gewerbegebiet - Ahornweg 1
D-06536 Berga
Tel. 034651/4160
Fax 034651/41629

Isocotton GmbH
Postfach 101952
D-86009 Augsburg
Tel. 0821/343830
Fax 0821/3438369

Isofloc Ökologische Bautechnik GmbH,
Dieselstr. 5
D-37235 Hessisch Lichtenau
Tel. 05602/93630
Fax 05602/936380

Isoroy Deutschland
Siemensstr. 8
D-77694 Kehl
Tel. 07851/94680
Fax 07851/946899

Junckers Parkett GmbH
Heinrichstr. 169
D-40329 Düsseldorf
Tel. 0211/961430
Fax 0211/9614310

Karphos ® Die Wand
Bio Pack Gmbh & Co. KG
Erwitter Str. 34-36
D-59557 Lippstadt
Tel. 02941/28880
Fax 02941/288820

Keim Farben GmbH & Co. KG
Keimstr. 16
D-86420 Diedorf
Tel. 0821/4802-0
Fax 0821/4802-210

Louis Krages Holzwerke GmbH
Postfach 21 01 40
D-28221 Bremen
Tel. 0421/61810
Fax 0421/6167255

Gebrüder Laumans GmbH & Co. KG
Stiegstr. 88
D-41379 Brüggen
Tel. 02157/14130
Fax 02157/141339

Moll bauökologische Produkte GmbH (Pro Clima)
Rheintalstr. 35-43
D-68723 Schwetzingen
Tel. 06202/27820
Fax 06202/278221

Pavatex GmbH
Untere Grabenstr. 6
D-88299 Leutkirch
Tel. 07561/98550
Fax 07561/985530

Sicher Wohnen
Stammhaus
Nordendstr. 3
D-35519 Rockenberg-Oppershofen
Tel. 06033-963585
Fax 06033-963535

Wachter Steinöfen
Sonnenstr. 15
D-86405 Meitingen
Tel. 08271/5861
Fax 08271/5003

## Abbildungsnachweis

Die folgenden Angaben beziehen sich sowohl auf die Urheberschaft an Fotografien wie an Planunterlagen.

*Christoph Ammann*, Architekt, Augsburg S. 35
*Arbeitsgemeinschaft Holz e. V.*, Düsseldorf S. 5
*Arbeitsgemeinschaft Ziegeldach e. V.*, Bonn S. 24, 25
*DLW Aktiengesellschaft*, Bietigheim-Bissingen S. 55
*Thomas Drexel* S. 2, 8/9 oben Mitte und unten, 9 oben rechts 13, 14, 15, 23, 27, 37, 38, 44, 45, 46, 47, 56 (beide links), 56/57 unten, 57 unten, 59, 60, 61, 62, 64, 65, 66, 67, 68, 69, 70, 71, 72, 73, 74, 75, 76, 77, 78, 79, 80, 81, 82, 83, 84, 89, 90, 97, 98, 100, 101, 102, 104 unten, 105 unten, 106, 107, 108, 110 unten, 111 oben rechts und unten, 112, 115, 117, 120, 123, 124
*Wilhelm Drexel*, Architekt, Friedberg S. 8 oben links, 12, 17
*Fels Werke GmbH*, Goslar S. 4, 8 unten, 40, 41, 42, 43, 50, 51
*Isofloc Ökologische Bautechnik GmbH*, Hessisch Lichtenau S. 19, 20, 34
*Isoroy Deutschland*, Kehl S. 49
*Thomas Jocher*, Architekt, München S. 6, 10, 57 oben, 92, 93, 94, 96, 99
*Herbert Jötten*, Architekt, Augsburg S. 116, 118, 119, 122
*Juncers Parkett GmbH*, Düsseldorf S. 9 unten, 52, 53, 54
*Karphos® Die Wand*, Bio Pack GmbH & Co. KG, Lippstadt S. 48
*Louis Krages Holzwerke GmbH*, Bremen S. 36
*Gebrüder Laumans GmbH & Co. KG*, Brüggen S. 26
*Wendelin Lichtblau*, Architekt, München S. 56/57 oben, 85, 86, 87, 88
*Moll bauökologische Produkte GmbH*, Schwetzingen S. 29, 30, 31, 32
*Franz Ostermann*, Architekt, Stadtbergen S. 11, 33
*Wolfgang Ott/Ulrike Seeger*, Architekten, Neusäß S. 109, 110 oben, 111 oben links, 113
*Werkgemeinschaft 6 B/Oliver Wolfinger und Matthias Zimmer*, Architekten, Augsburg S. 103, 104 oben, 105 oben
*Eberhard Wunderle*, Architekt, Augsburg S. 58

All denjenigen, die am Entstehen dieses Buches mitgewirkt oder in irgendeiner Weise dazu beigetragen haben, sei an dieser Stelle herzlich gedankt. Dies gilt natürlich zunächst für die Eigentümer, Architekten und auch die Mieter der in Text und Foto erwähnten oder ausführlich behandelten Anwesen sowie die Unternehmen, Verbände und öffentlichen Stellen, die mündliche und schriftliche Informationen beigesteuert haben. Die Nachweise der verwendeten Materialien finden sich im Abbildungsverzeichnis. Den Handwerkern und beteiligten Handwerksfirmen gilt der besondere Dank des Autors. Beträchtliche Geduld für dessen Anwesenheit und Wißbegierde haben Wieslaw Ledwon und Sohn, Markus Franke, Sel Brahimi, Basdri Mayl und Max Lehmann bewiesen. Wieslaw Ledwon stand sogar in seiner Freizeit »Rede und Antwort«. Bereitwillig beobachten und aufnehmen ließen sich die Mitarbeiter der Firmen Furnier (Adelsried), Thannhauser u. Ulbricht (Fremdingen), Schmid (Neusäß-Steppach), Marquardt (Augsburg), Gerth (Augsburg), Wöhrle (Wertingen-Gottmannshofen) und B & E (Gersthofen).
Architekt Wilhelm Drexel hat das Manuskript inhaltlich korrekturgelesen und weitere wertvolle Hinweise beigesteuert.

## Impressum


Streitfeldstraße 35, 81673 München
http://www.callwey.de
e-mail: buch@callwey.de



Die deutsche Bibliothek – CIP-Einheitsaufnahme
*Dachausbau* : alles über Kosten, Eigenleistung, ökologisches Bauen ; Ideen, Planung, Ausführung / Thomas Drexel. - München : Callwey, 1998
(Der Profi-Heimwerker)
ISBN 3-7667-1317-5

Umschlaggestaltung HBC-Design, München
Litho Karl Findl, Icking
Druck und Bindung Mladinska knjiga tiskarna, Ljubljana
Printed in Slovenia 1998
ISBN 3-7667-1317-5